**Berichte aus dem
Institut für Umformtechnik
der Universität Stuttgart**

Herausgeber: Prof. Dr.-Ing. Dr. h.c. K. Lange

104

Uwe Horlacher

Prüfung des Einflusses von Schmierstoffadditiven auf das Tribosystem bei der Kaltmassivumformung

Mit 70 Abbildungen und 5 Tabellen

Springer-Verlag
Berlin Heidelberg New York
London Paris Tokyo Hong Kong 1989

Dipl.-Ing. Uwe Horlacher
Institut für Umformtechnik
Universität Stuttgart

Dr.-Ing. Dr. h. c. Kurt Lange
o. Professor em. an der Universität Stuttgart
Institut für Umformtechnik

D 93

ISBN-13:978-3-540-52176-1   e-ISBN-13:978-3-642-84097-5
DOI: 10.1007/978-3-642-84097-5

Gesamtherstellung: Copydruck GmbH, Heimsheim
2362/3020−543210

GELEITWORT DES HERAUSGEBERS

Die Umformtechnik zeichnet sich durch sehr gute Werkstoffaus-
wertung und hohe Mengenleistung in der Serienfertigung gegenüber anderen Fertigungsverfahren aus, wobei Beibehaltung der
Masse, Änderung der Festigkeitseigenschaften während eines Vor-
gangs und elastische Rückfederung der Werkstücke nach einem
Vorgang wesentliche Merkmale sind. Weiter sind die benötigten
Kräfte, Arbeiten und Leistungen sehr viel größer als z.B. bei
spanenden Verfahren. Die sichere Beherrschung eines Verfahrens
in der industriellen Fertigung und die zunehmende Forderung
nach Vermeidung bzw. Minimierung spanender Nacharbeit erzwingen
die geschlossene Betrachtung des Systems "Umformende Fertigung"
unter zentraler Berücksichtigung plastizitätstheoretischer,
werkstoffkundlicher und tribologischer Grundlagen.

Das Institut für Umformtechnik der Universität Stuttgart stellt
entsprechend Forschung und Entwicklung zum einen auf die Erar-
beitung von Grundlagenwissen in diesen Bereichen ab, zum anderen
untersucht und entwickelt es Verfahren unter Anwendung spezieller Meßtechniken mit dem Ziel einer genauen quantitativen Ermittlung des Einflusses der Parameter von Vorgang, Werkstoff,
Werkzeug und Maschine. Die Behandlung von Problemen des Maschi-
nenverhaltens, der Maschinenkonstruktion sowie der Werkzeugaus-
legung und -beanspruchung, der Auswahl hochbeanspruchbarer,
verschleißfester Werkzeugbaustoffe und schließlich der Tribologie gehört entsprechend ebenfalls zum Arbeitsgebiet, das
durch die Erfassung organisatorischer und betriebswirtschaft-
licher Fragen abgerundet wird.

Im Rahmen der "Berichte aus dem Institut für Umformtechnik" erscheinen in zwangloser Folge jährlich mehrere Bände, in denen
über einzelne Themen ausführlich berichtet wird. Dabei handelt
es sich vornehmlich um Abschlußberichte von Forschungsvorhaben,
Dissertationen, aber gelegentlich auch um andere Texte. Diese
Berichte sollen den in der Praxis stehenden Ingenieuren und
Wissenschaftlern zur Weiterbildung dienen und eine Hilfe bei
der Lösung umformtechnischer Aufgaben sein. Für die Studieren-

den bieten sie die Möglichkeit zur Vertiefung der Kenntnisse.
Die seit zwei Jahrzehnten bewährte freundschaftliche Zusammenarbeit mit dem Springer-Verlag sehe ich als beste Voraussetzung
für das Gelingen dieses Vorhabens an.

Kurt Lange

V o r w o r t

Die vorliegende Arbeit entstand während meiner Tätigkeit als wissenschaft-
licher Mitarbeiter am Institut für Umformtechnik der Universität Stuttgart.

Herrn Professor Dr.-Ing. Dr. h. c. K. Lange danke ich für sein Vertrauen
und seine wohlwollende Unterstützung bei der Durchführung dieser Arbeit.

Herrn Prof. Dr.-Ing. H. Uetz bin ich für die eingehende Durchsicht der
Arbeit sowie für wertvolle Anregungen zu Dank verpflichtet.

Mein Dank gilt ferner Herrn Dr.-Ing. habil. K. Pöhlandt für die Betreuung
und kritische Durchsicht der Arbeit sowie allen Mitarbeiterinnen und
Mitarbeitern des Instituts für Umformtechnik, die zum Gelingen der Arbeit
beigetragen haben.

Weiterhin möchte ich Herrn Dipl.-Ing. H. Landau von der Firma Hoechst AG in
Gersthofen und Herrn Dr. Dwuletzki von der Firma Fimitol-Schmierungstechnik
Julius Fischer GmbH & Co. KG in Hagen sowie den zahlreichen weiteren
Institutionen für die Unterstützung und die Zusammenarbeit danken.

Die Mittel zur Durchführung dieser Arbeit wurden von der deutschen
Forschungsgemeinschaft (DFG) zur Verfügung gestellt. Für diese Förderung
sei an dieser Stelle ebenfalls gedankt.

Reitprechts, im Oktober 1989

Uwe Horlacher

<u>**INHALTSVERZEICHNIS**</u>   Seite

<u>Verzeichnis der Abkürzungen</u>

<u>Allgemeine Zeichen</u>

A	mm^2	Fläche
b	mm	Schichtdicke
c_p	kJ/kg·K	mittlere spezifische Wärmekapazität
d	mm	Durchmesser
F	N	Kraft
h	mm	Höhe
k_f	N/mm^2	Fließspannung
l	mm	Kontaktlänge in Wirkfuge
m		vom Werkstück aufgenommene Wärmemenge
n	min^{-1}	Drehzahl
n		vom Werkzeug aufgenommene Wärmemenge
p	N/mm^2	Druck
$\dot{Q}$	W	Wärmestrom
q	J	Wärmemenge
R_a	µm	arithmetischer Mittenrauhwert
R_z	µm	gemittelte Rauhtiefe
s	mm	Weg
T	K	Temperatur
t	s	Zeit
t_a	%	Flächentraganteil
t_p	%	Profiltraganteil
V	mm^3	Volumen
v_{st}	mm/s	Stempelgeschwindigkeit
v	mm/s	Geschwindigkeit
W	J	Arbeit
α	grd	Werkzeugöffnungs-, Stauchbahnneigungswinkel
η	Ns/m^2	dynamische Viskosität
η	%	Wirkungsgrad
ϑ	°C	Temperatur
λ	W/m·K	Wärmeleitfähigkeit
μ		Reibzahl
ν	mm^2/s	kinematische Viskosität
ρ	kg/dm^3	Dichte
φ		Umformgrad

Indizes

D	Druck...
i	innen...
id	ideelle...
m	mittlere...
N	Normal...
Q	Quer...
R	Reibung...
rel	Relativ...
Sch	Schiebung...
St	Stempel...
V	Verlust...
Z	Zug...
0	Ausgangs...
1	End...

Abkürzungen

AES	Auger-Elektronenspektroskopie
AW	Anti-Wear
Cl	Chlor
EP	Extreme-Pressure
ESCA	Elektronenspektroskopie für die chem. Analyse
GDOS	Glimmentladungsspektroskopie
HRC	Härte (in Rockwell)
ISS	Ionenstreuspektroskopie
P	Phosphor
REM	Raster-Elektronen-Mikroskop
S	Schwefel
SIMS	Sekundärionenmassenspektroskopie
TMP-Ester	Trimethylolpropanester
VI	Viskositätsindex
VKA	Vierkugel-Apparat

0   ZUSAMMENFASSUNG

In einem tribologischen System beeinflußt die Wahl des Schmierstoffes die
Reibung und den Verschleiß. Aus Kostengründen werden in der Regel Schmierstoffe nicht unter Produktionsbedingungen geprüft. Schmierstoffprüfverfahren existieren zwar in vielfältiger Weise; für die Kaltmassivumformung
werden aber im Hinblick auf die Übertragbarkeit auf reale Umformvorgänge
große Umformgrade, hohe Oberflächenvergrößerungen und hohe Flächenpressungen gefordert.

Eine Verfahrenskombination aus Ziehen und Drücken, das sogenannte Ziehdrücken, erlaubt die Durchführung von Schmierstoffprüfversuchen über den
Umformgrad der beiden Einzelverfahren hinaus. Damit lassen sich auch die
Flächenpressung und Oberflächenvergrößerung erhöhen. Beim Stauchen zwischen
parallelen, zur Stauchrichtung geneigten Stempelflächen (Schrägstauchen)
können die bei konventionellen Stauchverfahren ungleichmäßigen Reibverhältnisse in der Wirkfuge vermieden werden.

Voraussetzung für eine wissenschaftliche Vorgehensweise bei der bisher
meist empirisch durchgeführten Schmierstofformulierung sind Untersuchungen
der Struktur von Grundölen und Additiven, der thermischen Stabilität, der
Reaktionsschichtbildung und der Eigenschaften dieser Grenzschichten sowie
der sich bei Belastung einstellenden Reibzahlen und Oberflächenkennzahlen.
Grundlage hierfür ist die Kenntnis der dem Schmierstoff zulegierten
Additive. Für die vorliegende Untersuchung wurden speziell legierte
Modellschmierstoffe so formuliert, daß jeweils gezielt ein Parameter
verändert werden konnte. Den Grundölen wurden Fettöle, Chlor-, Schwefel-,
Phosphoradditive und Haftverbesserer zulegiert. Variiert wurden die Art und
Konzentration dieser Additive sowie die Viskosität der Schmierstoffe. Zu
Vergleichszwecken wurden ferner Festschmierstoffe (Molybdändisulfid und
Seife) sowie Polymerwachse geprüft.

Die Schmierstoffprüfverfahren Ziehdrücken und Schrägstauchen eignen sich
neben der Reibzahlermittlung auch zur Bestimmung der verschleißmindernden
Eigenschaften von Schmierstoffadditiven. Wie die durchgeführten Untersuchungen zeigten, ergeben sich zum Teil vom Prüfverfahren abhängige
Ergebnisse. Hierfür sind die in der Wirkfuge ablaufenden tribologischen
Prozesse verantwortlich, die u.a. von der Werkzeuggeometrie, dem Werkstück-
und Werkzeugwerkstoff, dem Oberflächenzustand, der Umformgeschwindigkeit,

der Temperatur usw. abhängen. Eine Schmierstoffprüfung mit dem nicht für die speziellen Zwecke der Umformtechnik entwickelten Vierkugel-Apparat oder der Reibverschleißwaage nach Reichert, die als Kenngröße die Freßlast bzw. die spezifische Flächenpressung angeben, führt in der Regel zu völlig anderen Ergebnissen. Eine Übertragbarkeit der Ergebnisse dieser Prüfverfahren auf Umformvorgänge ist folglich unzulässig.

Von grundlegender Bedeutung ist neben der Kenntnis des Druckes die Kenntnis der Temperatur in der Wirkfuge. Additive benötigen für die Bildung ihrer Reaktionsschichten eine bestimmte Mindesttemperatur. Diese ist für Laborprüfverfahren näherungsweise ermittelt worden. Inwieweit sich diese Temperatur bei der Umformtechnik für die hier vorliegenden hohen Drücke zu geringeren Werten verschiebt, ist nicht bekannt. Die integralen Oberflächentemperaturen in der Wirkfuge konnten durch Messungen im Werkzeug und im Werkstück bestimmt werden. Eine theoretische Berechnung der Temperatur ergab zum Teil gute Übereinstimmungen mit der Messung.

Die Ergebnisse der Schmierstoffprüfung durch Ziehdrücken und Schrägstauchen zeigen, daß unabhängig von der Art des Additives ein geringer Additivgehalt bei kleinen Umformgraden eine niedrige Reibzahl begünstigt. Chlorfreie Schmierstoffe führen beim Ziehdrücken für höhere Umformgrade, insbesondere für austenitische Werkstoffe, zu einem ausgeprägten Reibzahlmaximum, das bei chlorhaltigen Produkten vermieden werden kann. Für höher legierten, austenitischen Stahl ergibt Chlorparaffin gegenüber Schwefel- und Phosphoradditiven deutlich geringere Reibzahlen.

Bei der Variation des Grundöles führt ein naphtenisches Öl gegenüber einem paraffinischen Öl insbesondere bei höheren Belastungen zu geringeren Reibzahlen. Vor allem bei den sich adsorptiv auf der Werkstückoberfläche anlagernden polaren Fettstoffen machen sich die bei den Prüfverfahren in der Wirkfuge auftretenden unterschiedlichen Bedingungen bemerkbar: während ein Fettstoff beim Ziehdrücken minimale Werte erreicht, weist er im Vergleich zu einem anderen Fettstoff beim Schrägstauchen höhere Reibzahlen auf.

Ein zu hoher Gehalt an Haftverbesserern bewirkt keine Änderung oder eine Zunahme der Reibzahl im Vergleich zu Schmierstoffen ohne Haftzusatz. Eine geringe Zugabe von Haftverbesserern ergibt dagegen eine Verminderung der Reibzahl. Der Einfluß der Viskosität auf die Reibzahl ist verfahrensabhängig, eine hohe Viskosität weist bis zu mittleren Umformgraden die höchste Reibzahl auf. Mit einer Erhöhung der Umformgeschwindigkeit kann die Reibzahl gesenkt werden. Polymerwachsemulsionen und Festschmierstoffe auf einer Phosphatschicht liefern geringere Reibzahlen als additivierte Mineralölschmierstoffe.

Oberflächenanalytische Untersuchungen ergaben für zunehmende Umformgrade eine Abnahme der gemittelten Rauhtiefe und einen Anstieg des Flächentraganteiles. REM-Aufnahmen zeigten für Schmierstoffe, die zu geringen Reibzahlen führen, eine zunehmende Einglättung der Probenoberfläche. Für Schmierstoffe, die hohe Reibzahlen bewirken, findet eine verstärkte Einglättung sowie zusätzlich eine starke Riefenbildung statt.

Die beim Umformen auf der Werkstückoberfläche entstandenen Reaktionsprodukte konnten mit Hilfe der Auger-Elektronenspektroskopie nachgewiesen werden. Chlor und Schwefel bzw. deren Verbindungen lagen in einer Konzentration von ca. 2 bis 3 Atomprozent bis in eine Abtragstiefe von wenigen Nanometern vor. Phosphor konnte nicht nachgewiesen werden.

Arbeiten auf dem Gebiet der Schmierstoffprüfung in der Umformtechnik mit dem Ziel, den Wirkungsmechanismus der einzelnen Additive zu klären, sind bis jetzt kaum bekannt. Mit Hilfe der vorliegenden Ergebnisse können erste richtungsweisende Erkenntnisse bezüglich der Wahl und Konzentration der Schmierstoffadditive gewonnen werden. Die Vielzahl der Additivtypen sowie die Komplexität des Tribosystems und der gesamten Schmierstoffanalytik erfordern weiterführende Untersuchungen dieser Thematik, um eine gezielte Entwicklung und Optimierung von Schmierstoffen zu ermöglichen.

1 EINLEITUNG

In der öffentlichen Meinung setzt sich zunehmend die Erkenntnis durch, daß der sparsame Umgang mit Energie und Rohstoffen bei gleichzeitig möglichst geringer Belastung der Umwelt im allgemeinen Interesse liegt. Nach Angaben des Bundesministeriums für Forschung und Technologie (BMFT-Report 1984) verschlingen nämlich Reibung, Verschleiß und Korrosion in den Industrieländern etwa 4,5 % des Bruttosozialprodukts. Bei einer verstärkten Berücksichtigung tribologischer Kenntnisse ergibt sich hier ein umfangreiches Einsparungspotential.

Nach DIN 50323 (Entwurf September 1987) ist der Begriff der Tribologie wie folgt definiert: "Tribologie ist die Wissenschaft und Technik von aufeinander einwirkenden Oberflächen in Relativbewegung. Sie umfaßt das Gesamtgebiet von Reibung und Verschleiß, einschließlich Schmierung, und schließt entsprechende Grenzwechselwirkungen sowohl zwischen Festkörpern als auch zwischen Festkörpern und Flüssigkeiten oder Gasen ein."

Bei der Untersuchung tribologischer Vorgänge lassen sich die beteiligten Komponenten nicht unabhängig voneinander, sondern nur im Zusammenhang miteinander betrachten. Dieses Tribosystem ist nach DIN 50320 in Grundkörper, Gegenkörper, Zwischenstoff und Umgebungsmedium gegliedert, die in komplexer Wechselwirkung zueinander stehen können.

In der Umformtechnik beeinflußt die Reibung die Umformarbeit, damit die notwendige Leistung der Umformmaschine und hieraus resultierend deren Baugröße und Preis. Zum anderen kommt es als Folge der Reibung zum Verschleiß, der Auswirkungen auf die Lebensdauer der Werkzeuge sowie Maßhaltigkeit und Oberflächenqualität der gefertigten Werkstücke zeigt. Durch eine geeignete Wahl des Schmierstoffes kann die Reibung und somit der Werkzeugverschleiß beeinflußt werden. Die Reibverhältnisse in der Wirkfuge werden von einer Vielzahl von Einflußgrößen bestimmt. Dazu gehören der Werkstück- und Werkzeugwerkstoff, die Oberflächenfeingestalt der beiden Reibpartner, die Viskosität und Additivierung des Schmierstoffes sowie tribochemische Reaktionen unter Berücksichtigung von Druck und Temperatur der am Reibvorgang beteiligten Stoffe (Bild 1). Dem Schmierstoff bzw. seinen Additiven fällt somit die Aufgabe zu, die Reibpartner durch adsorbierte Schmierschichten und/oder Reaktionsschichten zu trennen. Ein sinnvoller Schmierstoffeinsatz setzt folglich die Kenntnis der Schmierstoffanalyse und insbesondere der Additive voraus.

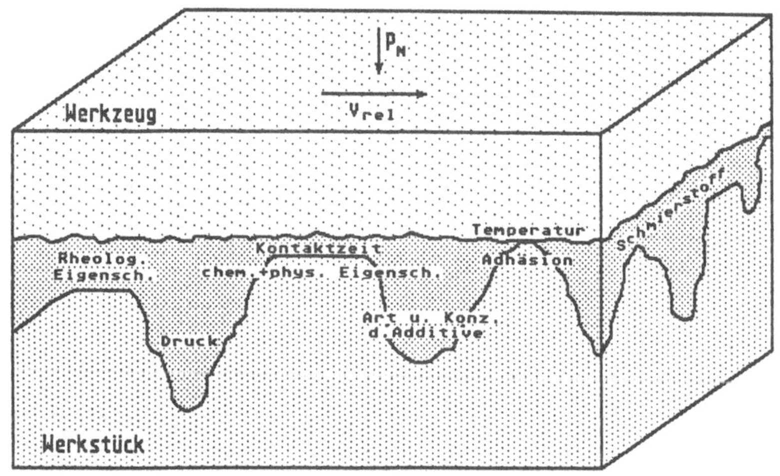

Bild 1: Wechselwirkungen im tribologischen System zwischen Werkzeug – Schmierstoff – Werkstück.

Auf dem Markt befindet sich eine Vielzahl von Schmierstoffen, die mit unterschiedlichsten Prüfverfahren auf die Eignung für ihren Einsatzzweck geprüft werden können. Die Komplexität des tribologischen Systems läßt keine universelle Prüfmethode zu, so daß unterschiedliche Verfahren entwickelt wurden, um zu möglichst praxisnahen Ergebnissen zu gelangen. Schmierstoffprüfungen unter Produktionsbedingungen haben den Nachteil eines hohen Zeit- und Kostenaufwandes. Zudem ist es aufgrund der meist komplizierten Konturen nicht möglich, tribologische Kennwerte zu ermitteln. Versuche dieser Art eignen sich folglich nur für einen qualitativen Vergleich der Schmierstoffe.

2   <u>STAND DER KENNTNISSE</u>

Die in einem Tribosystem ablaufenden Vorgänge sind vielfältiger Art; selbst in der Umformzone können sie sich unterschiedlich einstellen und während des Umformvorganges verändern. Das Ansprechverhalten der Schmierstoffe wird dadurch mitbestimmt. Bild 2 zeigt das Stribeck-Diagramm sowie die dabei auftretenden Reibungszustände und den Verlauf der Reibzahl. Bei Umformvorgängen ist der vorwiegend zu beobachtende Schmierungsvorgang der Zustand der Mischreibung /1/.

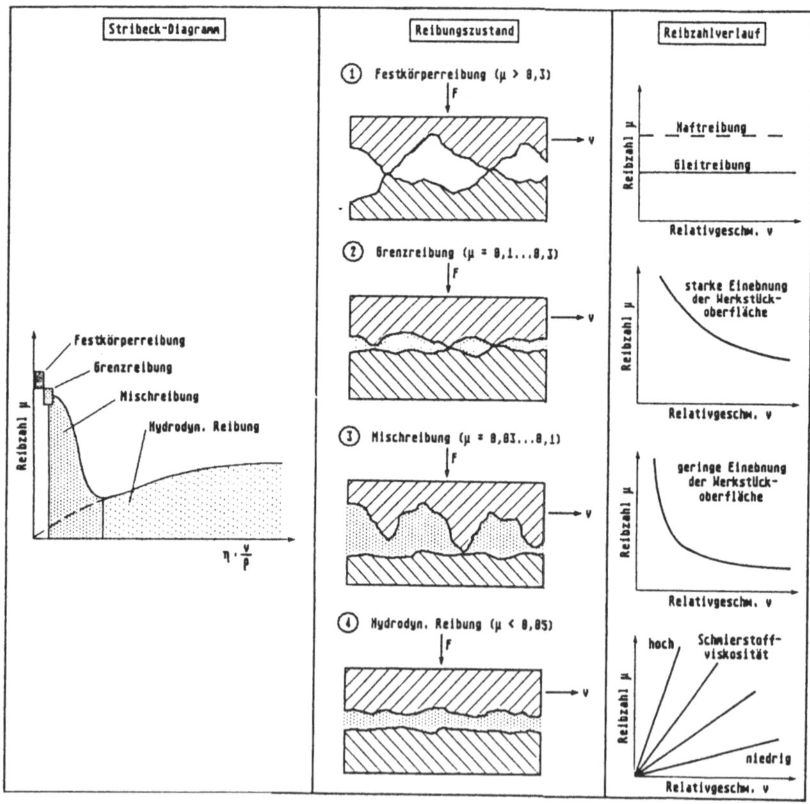

Bild 2: Stribeck-Diagramm und Reibzahlverlauf für unterschiedliche Reibungszustände.

2.1   PRÜFVERFAHREN

Moderne Schmierstoffe können heute nicht mehr ohne vorherige Prüfung ihrem
Einsatzzweck zugeführt werden; sie haben zuvor eine Reihe von Tests
hinsichtlich ihrer Eignung zu bestehen. Auf dem Markt sind eine Vielzahl
von Prüfverfahren, die sich zum einen ganz wesentlich darin unterscheiden,
ob der Schmierstoffhersteller oder der -anwender die Prüfung vornimmt und
zum anderen, inwieweit die Prüfung problemorientiert durchgeführt wird.

Eine erste Prüfung der Schmierstoffe erfolgt üblicherweise im Labor des
Schmierstoffherstellers. Dafür steht eine Reihe von genormten, aber auch
nicht genormten Prüfverfahren zur Verfügung, die sich nach Form und
Anordnung der Reibpartner zum Teil erheblich unterscheiden. Allein in /44/
wurden 234 Reib- und Verschleißmeßgeräte katalogisiert. In /2 bis 8/ werden
die wichtigsten dieser Modellprüfverfahren beschrieben (Anhang A1). Wesentliche Nachteile dieser Verfahren sind ihre beschränkten Möglichkeiten
bezüglich des Einsatzes verschiedener Werkstoffe und Oberflächenzustände
sowie eine geringe Übertragbarkeit der Versuchsergebnisse auf reale Vorgänge der Umformtechnik. Daher ist es notwendig, Schmierstoffe in praxisnahen Versuchen zu untersuchen.

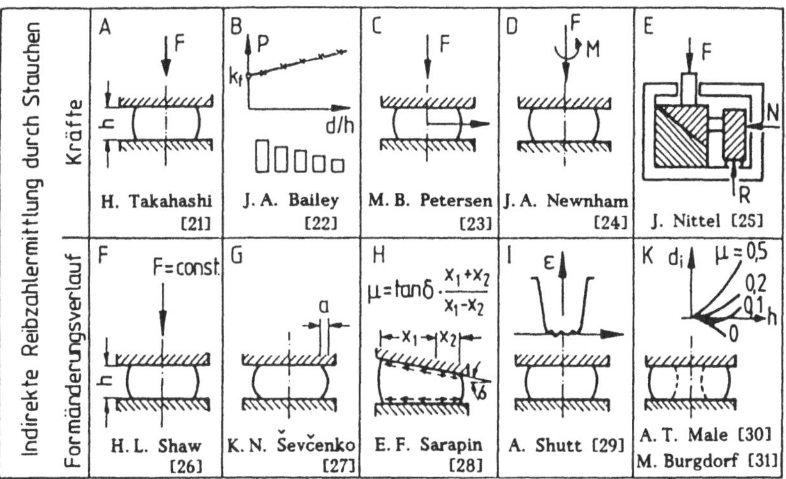

Bild 3: Schmierstoffprüfung durch Verfahren des Stauchens nach /32/.

Auch für die Prüfung von Schmierstoffen durch Umformverfahren werden
zahlreiche Prüfmethoden empfohlen /9 bis 20/. Im wesentlichen basieren

diese Schmierstoffprüfverfahren auf den Umformverfahren Stauchen und Ziehen.

Bei den Stauchverfahren ergibt sich die Reibzahl entweder anhand der gemessenen Kräfte bzw. Geometrieänderungen oder aus dem Verlauf der Fließkurve. Im einfachsten Fall wird eine kreiszylindrische Probe gestaucht und die Stauchkraft gemessen. Die benötigte Umformkraft wird aus der Fließkurve berechnet und ergibt sich als Differenz zwischen Stauchkraft und Reibkraftanteil. Als Nachteil dieser Vorgehensweise sind die Ungenauigkeiten der Fließspannung sowie eine ungleichmäßige Geschwindigkeitsverteilung auf der Probenstirnfläche zu sehen. In Bild 3 sind nach /21 bis 31/ verschiedene Stauchverfahren zur Prüfung von Schmierstoffen dargestellt.

Die zweite wesentliche Gruppe von Schmierstoffprüfverfahren für die Umformtechnik basiert auf den Umformverfahren des Ziehens bzw. Drückens. Zu unterscheiden ist hierbei zwischen den Verfahren geringer plastischer Verformung - entsprechend den Verfahren der Blechumformung /20, 33 bis 36, 40/ - und solchen mit Bereichen großer plastischer Verformung - hier werden die Verhältnisse der Massivumformung simuliert /37 bis 39, 41/. Bild 4 zeigt die wichtigsten der genannten Prüfverfahren.

Das Ziel einer verfahrensbezogenen Schmierstoffprüfung ist eine Minimierung der unbekannten Größen im tribologischen System. Gleichzeitig sollte das Beanspruchungsprofil des Prüfversuches die beim realen Umformvorgang auftretenden Belastungen simulieren. Vergleiche der wichtigsten Schmierstoffprüfverfahren zeigen aber zum Teil sehr unterschiedliche tribologische Bedingungen, die mit denen der Umformverfahren häufig nicht übereinstimmen.

Ausgehend von einer Analyse der tribologischen Bedingungen /42/ hat Gräbener /43/ die wichtigsten Forderungen an Schmierstoffprüfverfahren für die Kaltmassivumformung - nämlich Erzeugung höherer Flächenpressungen, Umformgrade und Oberflächenvergrößerungen, sowie eine gleichmäßige Gestaltung der Normalspannungsverteilung und Relativgeschwindigkeit in der Wirkfuge - zusammengestellt. Aufgrund dieser Erkenntnisse wurden zwei neue Prüfverfahren entwickelt bzw. bekannte Modellversuche modifiziert. Es handelt sich hierbei um die Prüfung von Schmierstoffen mit Hilfe des Schrägstauchens, also einem Umformen der Probe zwischen zur Stauchrichtung geneigten Stempelflächen. Als zweites Prüfverfahren wurde das gleichzeitige Ziehen und Verjüngen (Ziehdrücken) eines Werkstückes entwickelt.

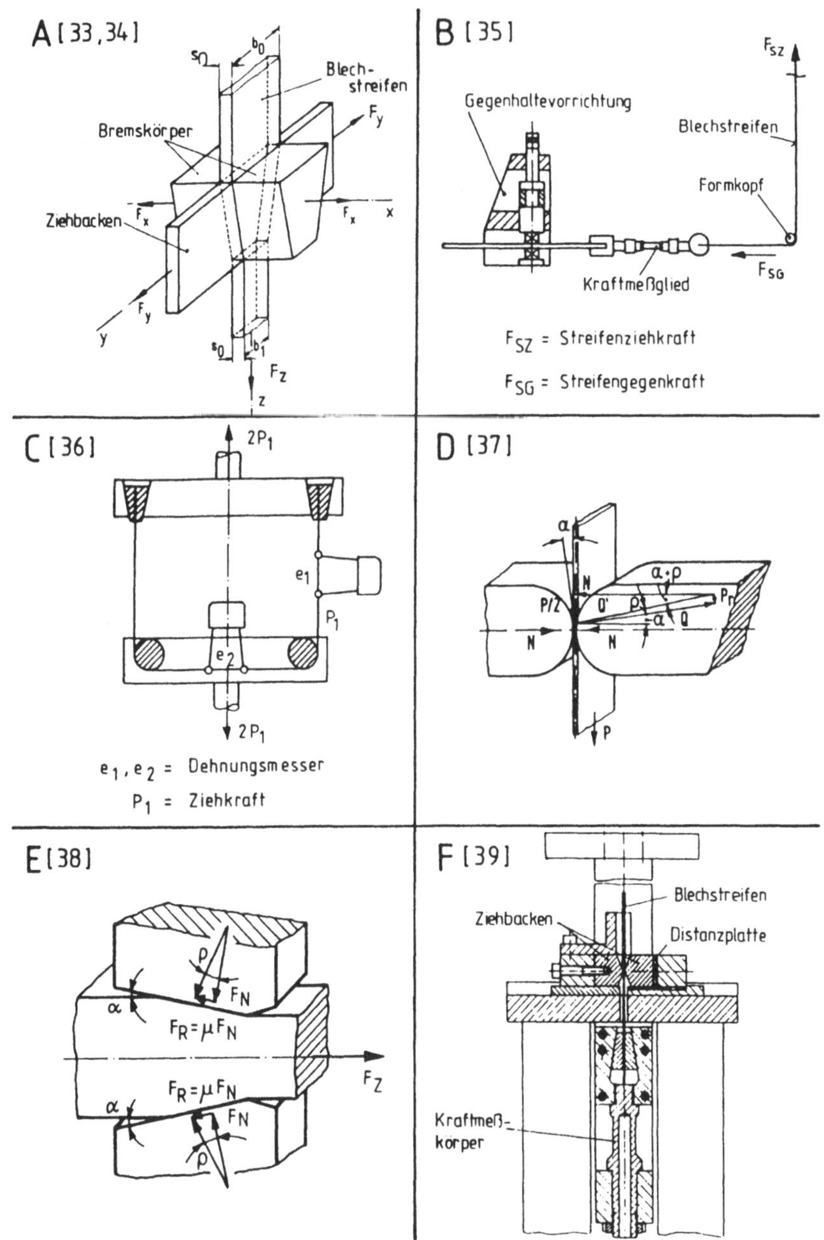

Bild 4: Schmierstoffprüfung durch Verfahren des Streifenziehens.

2.2   **SCHMIERSTOFFE**

Der Einsatz von Schmierstoffen dient im wesentlichen der Verminderung der Reibung und zur Kühlung. Schmierstoffe werden eingesetzt in Form von Festkörpern, Fetten (Pasten) oder Flüssigkeiten /45/. An die Schmierstoffe der Metallbearbeitung wird eine Vielzahl von Anforderungen hinsichtlich ihrer physikalischen, chemischen, physikalisch-chemischen und weiterer Eigenschaften gestellt (Tabelle 1). Neben der Reibungsminderung und Kühlung sind heute bei der Schmierstoffauswahl zunehmend weitere Kriterien erwünscht. Diese sind teilweise von solch dominanter Wichtigkeit, daß sie ausschlaggebend für die Schmierstoffauswahl sein können /46/. Moderne Schmierstoffe sind heutzutage üblicherweise aus Grundölen und Additiven aufgebaut.

Tabelle 1: Anforderungen an Schmierstoffe.

Anforderungen an Schmierstoffe:

- **physikalische Eigenschaften:**
  * Aufbau von Trägerschichten (bei hoher Temperatur, hohem Druck und hoher Relativgeschwindigkeit)
  * Kühlen
  * Abdichten

- **chemische Eigenschaften:**
  * Korrosionsschutz
  * Neutralisieren saurer Produkte
  * Reibungsminderung durch Reaktionsschichtbildung

- **phys.-chem. Eigenschaften:**
  * Detergieren und Dispergieren
  * Verträglichkeit mit anderen Werkstoffen

- **sonstige Anforderungen:**
  * Einkauf und Entsorgung kostengünstig
  * keine Gesundheitsgefährdung der Mitarbeiter
  * biologische Abbaubarkeit

2.2.1 **Grundöle**

Den Eigenschaften des Grundöles und deren Abstimmung muß besondere Aufmerksamkeit geschenkt werden, weil sonst möglicherweise eine Vielzahl von Additiven benötigt wird, um ein befriedigendes Produkt zu erhalten /47/. Diese Zusätze bewirken eine Verteuerung des Endproduktes und können zudem antagonistische Eigenschaften zur Folge haben.

Wegen der niedrigen Kosten dient Erdöl auch heute noch zu etwa 95 % als Basisstoff für Schmierstoffe /48/. Das Erdöl liegt als ein Gemisch von kettenförmigen und/oder ringförmigen Kohlenwasserstoffmolekülen mit gesättigten oder ungesättigten Verbindungen vor. Demzufolge können in einem Öl verschiedene chemische Bestandteile analysiert werden. Die kettenförmig gesättigten Kohlenwasserstoffe (Paraffine oder Alkane) sind aufgrund ihrer Einfachbindung wenig reaktionsfreudig und weisen daher alterungsstabile, gering toxische Eigenschaften auf. Olefine oder Alkene sind unverzweigte und verzweigte Kohlenwasserstoffketten mit einer Doppelbindung. Diese Doppelbindungen sind sehr reaktionsfreudig, was bei Wärmeentwicklung und Anwesenheit von Sauerstoff direkt zur Bildung von Oxidationsprodukten führt. Die ringförmigen Kohlenwasserstoffe weisen ein sehr gutes Lösungsvermögen und Kälteverhalten auf. Aus diesem Grund werden naphtenische Mineralöle am häufigsten als Grundöle eingesetzt. Die Aromate sind ringförmige Kohlenwasserstoffe mit drei Doppelbindungen (Benzolring). Dieses Molekül weist wenig Wasserstoffatome auf und ist daher sehr reaktionsfreudig. Da die Aromate im Ruf stehen, toxisch zu sein, geht die Forderung der Industrie nach aromatenfreien Ölen /49/.

Die genannten Molekülformen liegen in einem Grundöl nicht in reiner Form vor. Vielmehr existieren komplexe Molekülgruppen, von denen nur der Anteil aromatischer, naphtenischer und paraffinischer Kohlenwasserstoffverbindungen angegeben werden kann. Je nachdem, welcher Typ die physikalischen Eigenschaften prägt, wird von einem paraffinischen, naphtenischen oder aromatischen Öl gesprochen.

Neben den auf Erdöl basierenden Grundölen erlaubt die Petrochemie, Stoffe mit gewünschter chemischer Struktur herzustellen /50, 51/. Diese synthetischen Grundöle stellen derartige Schmierstoffe nach Maß dar. Sie besitzen alle hervorragende Verträglichkeit mit Metallen und eine sehr geringe Korrosivität /52/. Der wichtigste der synthetischen Kohlenwasserstoffe ist das Poly-Alpha-Olefin. Dieser Stoff weist ausgezeichnete chemische Eigenschaften für ein Schmierstoffgrundöl auf, dem jedoch gegenüber einem Mineralölraffinat der um den Faktor 4 höhere Preis entgegensteht. Der Weg, preiswerte Grundöle auf Mineralölbasis zu verwenden und diese durch entsprechend maßgeschneiderte Additivierungen aufzuwerten, wird daher verständlicherweise bevorzugt, zumal die Löslichkeit von Additiven in Syntheseölen häufig gering ist.

2.2.2 **Additive**

Unter Additiven werden Wirkstoffe verstanden, die den Grundölen zugesetzt werden, um den Fertigprodukten erwünschte Eigenschaften zu verleihen, welche die Grundstoffe von Natur aus nicht oder nicht in ausreichendem Maße besitzen. Dazu zählt auch das Unterdrücken unerwünschter Eigenschaften. Die Additive selbst werden nicht in reiner Form zugesetzt, sondern sind ihrerseits wieder in Ölen gelöst. Die meisten Additive sind sogenannte oberflächen- oder grenzflächenaktive Stoffe /53/. Ein Additivmolekül besteht üblicherweise aus zwei Komponenten: dem polaren Teil und dem Kohlenwasserstoffrest. Im polaren Teil, einer funktionellen Gruppe, konzentrieren sich die eigentlichen Wirkstoffe. Der Kohlenwasserstoffrest ist der öllösliche Teil.

Es kann eine Vielzahl von Additivtypen unterschieden werden, wobei es von jedem Typ wiederum eine große Anzahl möglicher Verbindungen gibt /10, 48, 54, 55/:

- Oxidationsinhibitoren verbessern die Oxidationsstabilität des Öles, da bei der Oxidation unerwünschte Säuren und im fortgeschrittenen Stadium ölunlösliche Polymerisate entstehen /56, 57/.
- Korrosionsinhibitoren bilden einen Schutzfilm an der Metalloberfläche zum Schutz des Werkstoffes vor aggressiven Medien oder der Atmosphäre /58/.
- Anti-Wear (AW-)Additive, Extreme-Pressure (EP-)Additive bzw. Friction Modifier (Reibungsveränderer) sollen den Verschleiß senken oder verhindern.
- in Öl dispergierte Feststoffe dienen der Reibungsminderung.
- Detergent-Additive sollen bereits gebildete feste Ablagerungen von Oberflächen lösen und diese umschließen. Dispersant-Additive sollen diese Verunreinigungen in Schwebe halten /59/.
- Pourpoint-Verbesserer sind zwar nicht in der Lage, das Auskristallisieren

von Paraffin bei tiefen Temperaturen zu unterbinden, sie verhindern jedoch eine Vernetzung der Paraffinkristalle, so daß das Öl frei fließen kann. Nach DIN 51597 wird unter Pourpoint diejenige Temperatur verstanden bei der Öl unter dem Einfluß der Schwerkraft gerade noch fließt.

- Schauminhibitoren dienen zur Verringerung der Schaumbildung. Sie erniedrigen die Oberflächenspannung der die Luftblasen trennenden Ölpartikel und sind somit nur gegen Oberflächenschaum wirksam.
- Haftverbesserer dienen zur Erzeugung einer dickeren oder stabileren Schmierfilmschicht durch eine Erhöhung des Haftvermögens auf der Metalloberfläche.
- Emulgatoren sind grenzflächenaktive Substanzen, die ein Entmischen des Öl-/Wassergemisches verhindern sollen.
- Konservierungsmittel dienen der Verhinderung des Befalls mit Mikroorganismen /60/.

Von Seiten der Umformtechnik wird speziell geringer Verschleiß; hohe Oberflächengüte und das Verhindern von Kaltverschweißungen gefordert. Diese Forderungen können im wesentlichen mit EP/AW-Additiven erfüllt werden. Es gibt zwei Möglichkeiten der Wirksamkeit solcher Zusätze. Eine besteht in der chemischen Reaktion des Additives mit der Werkstückoberfläche. Dabei entstehen feste Schichten wie Metallchloride, -sulfide, -phosphate. Die gebildeten Reaktionsschichten haben eine geringere Scherfestigkeit als das reine Metall und verhindern im wesentlichen einen direkten Oberflächenkontakt. Die Reaktionsschicht ist eine Opferschicht, die ständig abgetragen und erneuert wird. Für die chemische Reaktion ist eine bestimmte Ansprechtemperatur erforderlich, die um so tiefer liegt, je reaktiver das Additiv ist /55/. Die zweite Möglichkeit besteht in der physikalischen Adsorption des Additives. Derart wirkende Zusätze (z. B. Fettsäuren und Metallseifen) besitzen einen polaren Charakter /58, 61/.

EP/AW-Additive werden üblicherweise in aschegebende und aschefreie Additive eingeteilt. Unter die aschegebenden (oder metallhaltigen) Additive fallen z.B. Bleisalze von Carbonsäuren oder Zinkdithiophosphate (ZDDP) /56, 62, 63/. Zu den aschefreien Additiven werden Phosphor-, Schwefel- und Chlorverbindungen gezählt.

Obwohl die Phosphorverbindungen nur begrenzte Hochdruckeigenschaften aufweisen, werden sie häufig bei Werkstoffen eingesetzt, die bei Anwesenheit von Chlor und Schwefel zu Korrosion neigen. Die für die Wirkung verantwort-

liche Reaktionsschicht besteht aus Eisenphosphat /64/. Heute sind Phosphor-
säureester wie Tricresylphosphat, Phosphite und Ammoniumphosphat üblich
/65, 66/.

Die besten Eigenschaften von Schwefel werden bei der Bindung an polare
Substanzen erreicht. Die Verwendung schwefelhaltiger Öle ist die kosten-
günstigste Art des Schwefeleinsatzes. In der Metallbearbeitung sind häufig
geschwefelte Fettsäureester anzutreffen. Sie weisen eine gute EP/AW-Wirkung
auf und sind sehr gut in Mineralöl löslich. Die Wirkung der Schwefelverbindungen beruht auf der Bildung von Eisensulfidschichten auf der Oberfläche
/10, 67/. Die Phosphorschwefelverbindungen nutzen den ausgeprägten Synergismus von Phosphor und Schwefel. Die bekanntesten Vertreter dieser
Verbindungen sind aschefreies Dithiophosphat (ADTP) und Triphenylphosphor-
thionat (TPPT) /65/.

Aus der Metallverarbeitung sind vor allem die Chlorverbindungen bekannt.
Sie werden im wesentlichen als Chlorparaffine und zum Teil als chlorierte
Fettöle eingesetzt. Bei der thermischen Zersetzung entsteht neben der
schmierwirksamen Reaktionsschicht aus Eisenchlorid auch Salzsäure, die
meist durch basische Metallsulfonate neutralisiert werden muß /64/. Chlorparaffine weisen gute Verschleißschutzeigenschaften auf und haben als
weiteren Vorteil einen äußerst geringen Preis. Auch Chlor und Schwefel
weisen einen ausgeprägten Synergismus auf /68/. Diese Chlorschwefelverbindungen sind die EP/AW-wirksamsten Produkte überhaupt. Probleme können sie
bezüglich einer möglichen Gesundheitsgefährdung des Personals und einer
schwer zu beherrschenden Korrosion bereiten. Die Industrie hat deshalb,
eigenen Angaben zur Folge, zahlreiche Ausweichprodukte entwickelt welche
die genannten Nachteile nicht aufweisen; diese erreichen aber nicht die
Schmierwirkung der Chlorschwefelverbindungen /69/.

Die in der Kaltmassivumformung eingesetzten Mineralölschmierstoffe enthalten üblicherweise Zusätze von Fettstoffen oder Fettölen, Phosphor-, Schwe-
fel- und Chloradditive. Dabei wirken diese verschleißmindernden Zusätze
jeweils nur in einem bestimmten Temperaturbereich /61/. Für reines Mineralöl steigt die Reibzahl mit zunehmender Temperatur kontinuierlich an,
wobei schon die Werte bei Raumtemperatur auf einem hohen Niveau liegen
(Bild 5). Wird dem Mineralöl ein polarer Wirkstoff (Fettstoff) zugesetzt,
so stellt sich bis ca. 150 °C ein von der Temperatur unabhängiger Wert der
Reibzahl ein.

In einem Temperaturbereich, in dem Fettstoffe ihre Wirksamkeit verlieren, beginnt der Wirkungsbereich der verschiedenen chemisch wirkenden Zusätze. Bei bestimmten Reaktionstemperaturen bilden diese Zusätze an der Metalloberfläche Reaktionsschichten mit geringer Scherfestigkeit. Die thermische Belastbarkeit dieser Reaktionsschichten ist durch deren Schmelzpunkt begrenzt /73/. Ein Additivtyp allein kann diesen Anforderungen nicht genügen, so daß heute insbesondere Schwefel-, Phosphor- und Chloradditive zum Einsatz kommen (Bild 5). Inwieweit sich die Viskosität und insbesondere der Druck auf dieses Verhalten auswirken, ist nicht bekannt.

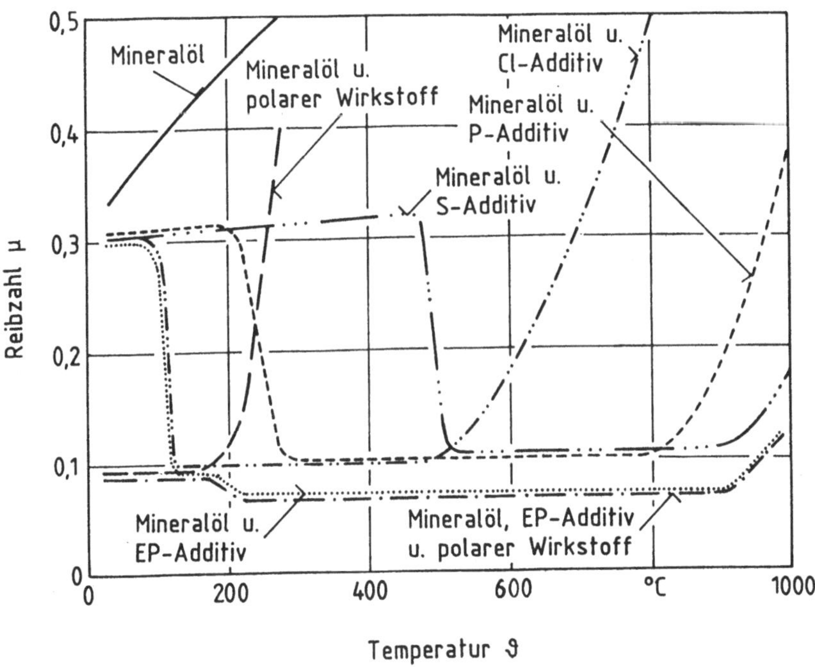

Bild 5: Reibzahl von Schmierstoffadditiven in Abhängigkeit von der Temperatur /10, 70, 71/.

2.3   TEMPERATURBESTIMMUNG

Die Wirksamkeit eines Additives hängt wesentlich von der in der Wirkfuge herrschenden Temperatur ab. Für eine Temperaturbestimmung bietet sich neben der Möglichkeit einer Messung auch die einer Berechnung an. Ausgehend von der elementaren Plastizitätstheorie nach /74, 75/ werden z.B. in /76, 77/ Temperaturberechnungen durchgeführt. Aufbauend auf Verfahren der höheren Plastizitätstheorie gibt es eine Reihe weiterer Ansätze zur örtlichen Berechnung der Temperatur in der Umformzone /78 bis 81/. Bei den auf diese Weise berechneten Temperaturen handelt es sich um Mittelwerte. Höhere Temperaturen, die sogenannten Blitztemperaturen (Übertemperaturen oder flash temperatures), treten an Stellen auf, wo eine Rauheitsspitze einer reibenden Oberfläche mit einer anderen Rauheitsspitze der Gegenfläche in Kontakt kommt /82, 83/. Die in /84/ für bestimmte Bedingungen und Gültigkeitsbereiche angesetzte Berechnungsmethode der Blitztemperatur zeigt eine Abhängigkeit von Reibzahl, Werkstoff, thermischen Größen sowie Belastung und Geschwindigkeit. Diese Annahmen und Abhängigkeiten lassen bei der Berechnung der Blitztemperatur, ebenso wie bei der mittleren Oberflächentemperatur, meist nur eine Temperaturabschätzung zu oder gelten für einen speziellen, idealisierten Fall.

Temperaturmessungen erlauben zwar kaum die Bestimmung der Blitztemperatur, lassen jedoch die Ermittlung von mittleren Oberflächentemperaturen an realen Bauteilen zu. Auf dem Markt befindet sich eine Vielzahl möglicher Verfahren /85, 86/. Die Temperaturermittlung durch kalorimetrische Messung ist ungenau und wird wenig eingesetzt. Dasselbe gilt für Temperaturmessungen mit Hilfe von Farbanstrichen bzw. Farbstoffen, deren jeweilige Farbe einem charakteristischen Temperaturbereich entspricht. Strahlungspyrometer arbeiten nach dem Prinzip des Messens einer Wärmestrahlung. Ist die interessierende Temperaturmeßstelle frei zugänglich, so kann dieses Verfahren sinnvoll eingesetzt werden /76/. Eine weitere Möglichkeit bietet sich durch Abschätzen der erreichten Temperatur aus beim Umformvorgang entstandenen Reaktionsprodukten oder stattgefundenen Phasen- bzw. Gefügeumwandlungen /87/. Häufig kommen die auf dem thermoelektrischen Prinzip beruhenden Thermoelemente zum Einsatz /88/.

2.4   __OBERFLÄCHENANALYTIK__

Für viele Gebiete der Fertigungstechnik ist die Oberflächenbeschaffenheit der gefertigten Werkstücke von großer Bedeutung. Die Entscheidung, ob eine Oberfläche den Anforderungen entspricht, setzt die Kenntnis des Ist-Zustandes voraus. Für dessen Bestimmung sind in /89, 90/ Begriffe definiert und die Vorgehensweisen beschrieben. Als Kenngrößen werden überwiegend der arithmetische Mittenrauhwert R$_a$, die gemittelte Rauhtiefe R$_z$ /91/ sowie der Profiltraganteil t$_p$ /92/ herangezogen. Bei dem am häufigsten eingesetzten Verfahren, dem Tastschnittverfahren /93, 94/, wird eine beweglich gelagerte Diamantspitze über die Oberflächenstruktur geführt. Dabei entsteht ein zweidimensionaler Profilschnitt. Eine dreidimensionale Erfassung der Oberflächentopografie läßt sich z.B. mit dem Flächentraganteil t$_a$ /92, 95/ erfassen. Die Oberflächentopografie kann ferner durch eine Reihe optischer Verfahren ermittelt werden /96, 97/.

Häufig interessieren nicht nur die Oberflächenkennwerte, sondern auch die Elementverteilungen und chemischen Verbindungen auf der Oberfläche. Für deren Bestimmung steht eine Vielzahl von Methoden zur Verfügung. Seit langem bekannte Methoden zum Nachweis von Elementen sind die Hitzdraht-Methode und die Elektronenstrahl-Mikroanalyse. Das Prinzip der Hitzdraht-Methode besteht in der elektrischen Aufheizung eines Drahtes in dem zu untersuchenden, auf der Werkstückoberfläche befindlichen Schmierstoff. Die Änderung des Drahtradius ist ein Maß für die chemische Reaktivität des Schmierstoffes gegenüber dem eingetauchten Draht /98, 99/. Die Elektronenstrahl-Mikroanalyse (Mikrosonde) /100/ liefert Information über eine Schichttiefe von ca. 0,5 - 10 μm und ist besonders geeignet zum Nachweis schwerer Elemente /101/.

Moderne Analysemethoden zur Untersuchung von Oberflächen werden seit etwa 20 Jahren entwickelt. Inzwischen gibt es mehr als 50 derartiger physikalischer Verfahren, wovon allerdings nur einige das Laborstadium abgeschlossen haben und routinemäßig zur Verfügung stehen. Diese physikalischen Analysemethoden können nach Art der anregenden Teilchen (Elektronen, Ionen, Neutralteilchen, Photonen) und der als Antwortreaktion der Probe emittierten Teilchen klassifiziert werden. Die Verfahren unterscheiden sich erheblich in ihren Eindringtiefen, ihrer Oberflächenbeschädigung, der Nachweisgrenze und auch bezüglich der Möglichkeit zur quantitativen Analyse /102 bis 104/. Im folgenden werden die wichtigsten Verfahren kurz beschrieben.

Bei dem Verfahren der Sekundärionenmassenspektroskopie (SIMS) wird die Probe mit Ionen beschossen. Dabei werden die Atome der obersten Atomlage weggeschossen und mit Hilfe eines Massenspektrometers analysiert. Die Informationstiefe beträgt, abhängig vom Ionenstrahl, bis zu 1 nm. Nachweisbar sind alle Elemente und - bei Emission von Fragmentionen - auch chemische Verbindungen. Infolge der Wechselwirkung des Ionenstrahls mit der

Probe und der Möglichkeit der Mehrfachionisierung ergibt sich im allgemeinen ein sehr linienreiches Spektrum, dessen vollständige Identifizierung Schwierigkeiten bereiten kann /104/.

Die Wirkungsweise der Ionenstreuspektroskopie (ISS) ist ähnlich der SIMS. Hier werden aber nicht die emittierten Ionen der Oberfläche identifiziert, sondern der Energieverlust des an der Oberfläche gestreuten Ionenstrahls. Nachweisbar sind alle Elemente mit Ausnahme von Wasserstoff, aber keine chemischen Verbindungen. Die Informationstiefe kann bis zu 0,1 nm betragen /102, 103/.

Dem Nachteil der Mikrosonde (Erfassen schwerer Elemente) kann durch Einsatz der Augerelektronenspektroskopie (AES) begegnet werden. Dieses Verfahren weist alle Elemente mit Ordnungszahlen $Z > 2$ nach. Ein Elektronenstrahl entfernt aus der inneren Schale des Atoms ein Elektron; diese entstandene Lücke wird durch ein Elektron eines energetisch höher liegenden Niveaus besetzt. Dessen überschüssige Energie wird auf ein drittes Elektron (Augerelektron) übertragen, das den Atomverband verläßt. Die kinetische Energie dieses Augerelektrons hat für jedes Element einen charakteristischen Wert /105/. Bei einem dauerhaften Elektronenbeschuß wird die Oberfläche abgetragen (Sputtern) und läßt Rückschlüsse auf die Tiefenverteilung der Elemente zu.

Die Funktionsweise der Elektronenspektroskopie für die chemische Analyse (ESCA) ist ähnlich der der AES. Als Anregungsquelle wird Röntgenstrahlung oder UV-Licht eingesetzt /103/. Dieses Verfahren erlaubt den Nachweis aller Elemente, mit Ausnahme von Wasserstoff, bei einer Informationstiefe von ca. 10 nm. Neben analytischen Methoden liefert ESCA zusätzlich Aussagen über den Bindungszustand der nachgewiesenen Elemente. Eine ESCA-Analyse beinhaltet die Aussagen einer AES-Untersuchung /104, 106/. Nachteilig sind allerdings die gegenüber AES um etwa den Faktor 5 höheren Kosten.

Die Anwendung der genannten physikalischen Methoden ist bei einem Einsatz direkt in der Fertigung sehr aufwendig. Hier bietet sich das Verfahren der Glimmentladungsspektroskopie (GDOS - Glow Discharge Optical Emission Spectroscopy) zur qualitativen und quantitativen chemischen Analyse metallisch leitender Festkörper an. Die Atome der Probenoberfläche werden im Plasma einer Glimmentladung optisch angeregt und gelangen in die Entladungsstrecke. Dies bewirkt einen Werkstoffabtrag, so daß vom Elementverlauf ein

Tiefenprofil entsteht. Unmittelbare Absolutwerte chemischer Gehalte können mit GDOS nicht gewonnen werden. Mit Hilfe einer Eichbeziehung müssen die gemessenen elementspezifischen Lichtintensitäten in Konzentrationswerte umgerechnet werden /107, 108/. Theoretisch lassen sich mit GDOS alle Elemente des Periodensystems nachweisen. Real begrenzt ist die Nachweisbarkeit durch die aufgebrachte Energie.

Über das Reaktionsverhalten von Schmierstoffen und Schmierstoffadditiven liegt eine Anzahl von Veröffentlichungen vor. Diese lassen sich thematisch im wesentlichen in die Wechselwirkung von Metall und Grundöl bzw. Metall und Additiv untergliedern. Die für Umformvorgänge maßgebliche tribochemische Reaktion ist durch Reibung bei hohem Druck und Temperatur gekennzeichnet. Reaktionen, die üblicherweise eine Aktivierungstemperatur von einigen 100 °C benötigen, können unter diesen Bedingungen schon bei wesentlich geringeren Temperaturen ablaufen /51/.

Bei der Wechselwirkung zwischen Metall und Grundöl spielt die Anwesenheit von Sauerstoff eine erhebliche Rolle. In der normalen, sauerstoffhaltigen Luft werden Kohlenwasserstoffe in mehreren Schritten durch Temperatureinwirkung oxidiert. Es entstehen nacheinander Alkohole, Aldehyde, Carbonsäuren sowie andere Folgeprodukte /56/. In der sauerstofffreien Atmosphäre ist eine derartige Oxidation nicht möglich. Es kann Eisenkohlenstoff entstehen (FeC), der zu erheblichem Verschleiß führt. Aromatische Kohlenwasserstoffe bilden wesentlich mehr FeC als gesättigte paraffinische Kohlenwasserstoffe. Eine Kombination beider Kohlenwasserstofftypen ergibt diesbezüglich einen synergistischen Effekt /51/. Durch Sauerstoffzufuhr kann die FeC-Bildung unterbunden werden.

Schmierstoffadditive entfalten ihre Wirkung durch Schichtaufbau. Dieser Schichtbildungsmechanismus kann durch den Aufbau von Adsorptions-, Reaktions-, Legierungsschichten und Aufschichtungen erfolgen /63/. Von Bedeutung sind Adsorptionsvorgänge und chemische Reaktionen. Bei gleicher Kettenlänge steigt die Adsorbierbarkeit von Verbindungen in der Reihenfolge Ester, Alkohol, Säure. Eine zunehmende Kettenlänge bedeutet eine erhöhte Adsorbierbarkeit /61/. Die Desorption erfolgt für Fettalkohole bei 40 °C bis 100 °C und für Fettsäuren bei 70 °C bis 130 °C.

Von großem Interesse ist der Reaktionsschichtbildungsmechanismus der für die Umformtechnik bedeutsamen EP/AW-Additive. Nach /53, 109/ vermindern

Fettsäuren, langkettige Amine, Oxidschichten sowie Chrom als Legierungsbestandteil die Ausbildung von Reaktionsschichten.

Chloradditive bilden eine Reaktionsschicht in einer Größenordnung von 0,15 bis 1,9 µm, die ausschließlich aus Eisen-II-chlorid ($FeCl_2$) besteht, das leicht scherbar ist und sich daher reibungsmindernd auswirkt /55, 64/. Die Reaktionstemperatur beträgt üblicherweise 200 °C bis 400 °C, kann jedoch unter tribologischer Beanspruchung schon bei geringeren Temperaturen ablaufen /110/. Der Schmelzpunkt von Eisen-II-chlorid und damit auch die Einsatzgrenze wird mit etwa 600 °C bis 700 °C angegeben /98/. Die mögliche Chlorabspaltung dieser Additive stellt ein Problem dar; in Verbindung mit Luftfeuchtigkeit kann sich Salzsäure bilden und zu Korrosion führen.

Die Reaktionsschicht schwefelhaltiger Additive besteht aus Eisensulfiden /99/. Diese sind zwar generell verschleißfester als Eisenchloride, verursachen aber höhere Reibzahlen /110/. Eisendisulfide erweisen sich gegenüber den Eisenmonosulfiden als die überlegenen Schwefeladditive /109, 111/. Dabei ist das Verschleißverhalten nicht von der Gesamtschwefelmenge, sondern von der Menge des Eisensulfids abhängig. Reaktive Schwefelverbindungen sind grundsätzlich vorteilhafter, da sie eine gute Wirksamkeit aufweisen und diese zudem noch bei niedrigeren Temperaturen entfalten /112/. So werden Dibenzyldisulfid und Dibenzylsulfid vollständig in Eisensulfid umgesetzt, das weniger reaktive Diphenyldisulfid hingegen nicht /55/. Eine weitere Beschleunigung der Reaktion ist durch das Entfernen vorhandener Deckschichten (z. B. Oxidschichten) möglich.

Phosphorhaltige Additive bilden ab ca. 200 °C Phosphidschichten /110/. Diese sind in ihren reibungsmindernden Eigenschaften zwischen den Eisenchlorid- und Eisensulfid-Reaktionsschichten anzusiedeln. Sie bieten nicht die Verschleißfestigkeit der Eisensulfidschicht, übertreffen aber diesbezüglich die Eisenchloridschicht /113/.

Die Bestimmung von Reaktionsprodukten kann mit Hilfe der genannten Oberflächenanalyseverfahren, chemischer Analysen oder auch theoretisch erfolgen. Dabei wird in der Regel von "idealen" Oberflächen ausgegangen, die mit in der Umformtechnik üblichen Oberflächenzuständen wenig gemein haben. Aus diesem Grund liegen bisher keinerlei Erkenntnisse bezüglich der einzusetzenden Analyseverfahren und der zu erwartenden Ergebnisse über Reaktionsprodukte auf den Oberflächen umgeformter Werkstücke vor.

3   ZIELSETZUNG

Wegen der Komplexität des tribologischen Systems (Bild 6 zeigt dies am
Beispiel der Prüfverfahren Ziehdrücken und Schrägstauchen) ist es nahezu
unmöglich, alle Einflußgrößen zu erfassen. Untersuchungen mit vertretbarem
Aufwand erfordern eine Beschränkung der Parameter. In der vorliegenden
Arbeit soll daher der Einfluß des Schmierstoffes bzw. seiner Additive auf
das Tribosystem geprüft werden.

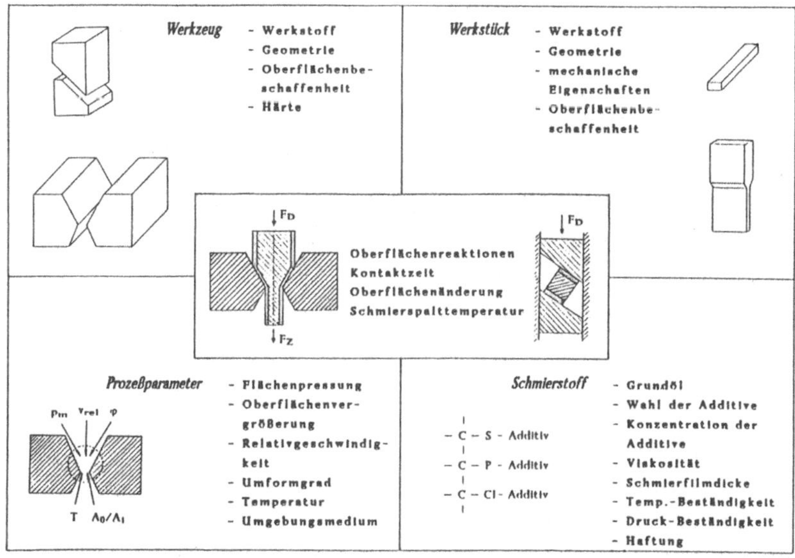

Bild 6: Abhängigkeiten von Prüfverfahren am Beispiel des Ziehdrückens und
Schrägstauchens.

Die Problematik der Schmierstoffprüfung kann nicht ausschließlich auf das
Prüfverfahren beschränkt werden. Meist wird die Aussagekraft der Prüfung
von Schmierstoffen in der Umformtechnik dadurch beeinträchtigt, daß den
umformtechnischen Betrieben und Hochschulinstituten, in denen die Prüfung
erfolgt, die chemische Analyse der Schmierstoffe nicht genau bekannt ist.
Aus diesem Grund konnten die bei der Schmierstoffprüfung beobachteten
Eigenschaften bisher nicht exakt den im Schmierstoff enthaltenen Additiven
zugeordnet werden. Viele Ergebnisse sind somit nicht genau reproduzierbar
und interpretierbar.

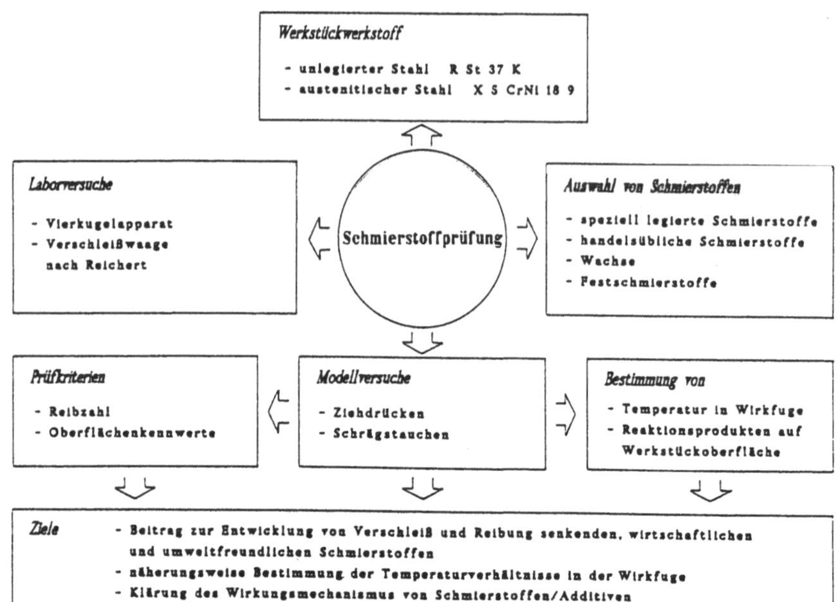

Bild 7: Vorgehensweise bei der Schmierstoffprüfung.

Diese Arbeit umfaßt verschiedene Schwerpunkte, die aussagefähige Ergebnisse bezüglich der im folgenden näher genannten Ziele liefern sollen (Bild 7). Von grundlegender Bedeutung ist die Wahl der Schmierstoffe. In Zusammenarbeit mit Schmierstoffherstellern sollen Mineralölschmierstoffe so formuliert werden, daß es gelingt, jeweils nur einen gewünschten Parameter (z.B. Viskosität, Art des Additives, Konzentration des Additives) zu variieren. Diese Schmierstoffe werden zu Vergleichszwecken mit handelsüblichen Mineralölschmierstoffen sowie mit Festschmierstoffen auf Phosphatschicht verglichen. Ferner wird das Schmierverhalten von Polymerwachsen untersucht.

Die eingesetzten Mineralölschmierstoffe sollen auf blanken Werkstückoberflächen geprüft werden, d.h. eine Phosphatierung der Werkstücke ist nicht vorgesehen. Von dieser Vorgehensweise werden erste Erkenntnisse über die Leistungsfähigkeit von Mineralölschmierstoffen ohne Phosphatschicht als Schmierstoffträgerschicht erhofft. Des weiteren lassen sich Schmierstoffe auf nicht phosphatierten Oberflächen hinsichtlich ihrer reibungssenkenden Eigenschaften weitaus besser differenzieren als dies auf phosphatierten Werkstücken möglich ist. Die gewonnenen Erkenntnisse können dann unmittel-

bar bei tribologischen Problemen der Umformtechnik eingesetzt werden, z.B.
beim Umformen von Stababschnitten, deren Schnittflächen üblicherweise nicht
phosphatiert werden.

Die speziell legierten Schmierstoffe werden zunächst in Laborversuchen
(Vierkugel-Apparat, Reibverschleißwaage nach Reichert) geprüft. Den Schwer-
punkt bildet die Prüfung der Schmierstoffe mit Hilfe zweier Modellversuche
der Umformtechnik. Hierfür wurden die beiden Verfahren Ziehdrücken und
Schrägstauchen gewählt. Ein Vergleich der Laborversuche mit den Modellver-
suchen der Umformtechnik soll zeigen, inwieweit sich solche Ergebnisse auf
Umformvorgänge übertragen lassen. Die Legierungsanteile der Schmierstoffe
reagieren unterschiedlich mit verschiedenen Werkstückwerkstoffen. Daher
wird ein unlegierter Stahl (dieser ist im allgemeinen reaktiv) und ein
austenitischer Stahl eingesetzt. Aufgrund des hohen Legierungsgehaltes ist
der austenitische Stahl chemisch beständiger und geht daher nur schwer
Bindungen mit Additivkomponenten ein.

Ein wesentliches Prüfkriterium für die Schmierstoffeignung stellt die
Reibzahl dar. Ein weiteres Kriterium für die Beurteilung eines Schmierstof-
fes sind die sich einstellenden Oberflächenzustände. Hier bietet sich die
Erfassung von Oberflächenkennzahlen wie der gemittelten Rauhtiefe, des
arithmetischen Mittenrauhwertes sowie des Profiltraganteiles und des
Flächentraganteiles an.

Der Zeitpunkt der Aktivierung eines Additives sowie die Viskosität des Öles
sind von der Temperatur und dem Druck in der Wirkfuge abhängig. Daher
sollen geeignete Meßverfahren in die Versuchseinrichtungen eingebaut werden, um zumindest die integrale Oberflächentemperatur zu erfassen. Möglicherweise läßt sich auch die Oberflächentemperatur als Kriterium für eine
Beurteilung des Schmierstoffes heranziehen. Schließlich ist die Bestimmung
von Reaktionsprodukten auf der Werkstückoberfläche vorgesehen. Hier gilt es
zunächst, da entsprechende Erfahrungen noch nicht vorliegen, aus der
Vielzahl physikalischer Analysemethoden die geeignete auszuwählen.

Mit der Durchführung dieser Untersuchung werden mehrere Ziele verfolgt. Die
Kenntnis der Reibzahl läßt Rückschlüsse auf die Wirksamkeit der einzelnen
Schmierstoffadditive zu. Zunehmend werden heute aber auch umweltfreundliche
Schmierstoffe gefordert. Diese Forderung zielt auf ein Verbot des Einsatzes
von Chlor. Deshalb soll weiterhin geklärt werden, ob chlorfreie Mineral-

ölschmierstoffe zu ähnlich niedrigen Reibzahlen führen, wie dies von chlorhaltigen Schmierstoffen bekannt ist. Ferner sind Kenntnisse über den Wirkungsmechanismus von Schmierstoffen und deren Additiven in Bezug auf das Druck-Temperatur-Verhalten in der Wirkfuge sowie deren Schichtbildungsmechanismus interessant.

Die genannte Aufgabenstellung zur Thematik der Schmierstoffprüfung erfordert ein interdisziplinäres Vorgehen mit einer engen Zusammenarbeit von verschiedenen Firmen und Institutionen. So wird bei der Schmierstoffauswahl z.B. mit den Firmen Hoechst AG in Gersthofen und Fimitol-Schmierungstechnik GmbH & Co.KG in Hagen, bei den oberflächenanalytischen Methoden mit dem Max-Planck-Institut in Stuttgart, dem Physikalisch-Chemischen Institut in Heidelberg und dem Institut für Werkstofftechnik in Bremen sowie bei der Viskositäts-Druck-Temperatur-Prüfung mit dem Institut für Reibungstechnik und Maschinenkinetik in Clausthal zusammengearbeitet.

4   EINGESETZTE PRÜFVERFAHREN

4.1   VERFAHREN DER KALTMASSIVUMFORMUNG

4.1.1   Ziehdrücken

Das Prinzip des Ziehdrückens besteht darin, durch eine Verfahrenskombination von Ziehen und Verjüngen eine Erhöhung des erreichbaren Umformgrades
und damit auch der Oberflächenvergrößerung und der Flächenpressung zu
erreichen. Bei diesem Verfahren wird das streifenförmige Werkstück durch
zwei Ziehbacken hindurchgezogen und zugleich hindurchgedrückt (Bild 8). Am
Werkstück wirken gleichzeitig eine Zug- und eine Druckkraft, so daß die
Versagenskriterien – Reißen durch zu hohe Zugkräfte bzw. Knicken infolge zu
hoher Druckkräfte – zu höheren Umformgraden hin verschoben werden.

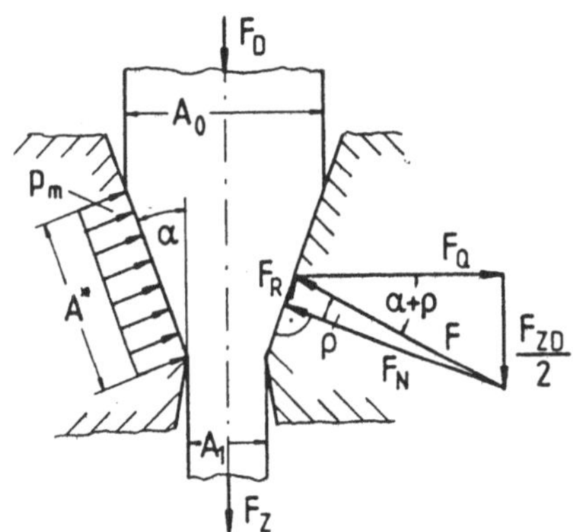

Bild 8: Kräftegleichgewicht beim Ziehdrücken in der Umformzone.

Ausgehend von Spannungszustand / 114/ und Kräftegleichgewicht in der
Umformzone wurde von Gräbener /43/ eine theoretische Behandlung dieser
Verfahrenskombination durchgeführt. In Anlehnung an die Streifenziehverfah-
ren /37 bis 39/ lassen sich die Reibzahl und die mittlere Flächenpressung
in der Wirkfuge anhand einfacher geometrischer Beziehungen aus Bild 8
berechnen zu:

$$\mu = \frac{(F_D + F_Z) / 2 \cdot F_Q - \tan\alpha}{1 + \tan\alpha \cdot (F_D + F_Z) / 2\,F_Q} \tag{1}$$

$$P_m = \frac{2 \cdot F_Q \cdot \sin\alpha \cdot \cos\alpha + (F_D + F_Z) \cdot \sin^2\alpha}{(A_0 - A_1)} \tag{2}$$

Zur Bestimmung von Reibzahl und mittlerer Flächenpressung ist die Kenntnis der Druckkraft F_D, der Zugkraft F_Z sowie der Querkraft F_Q erforderlich.

Beim Versuchswerkzeug zum Ziehdrücken (Bild 9) wird durch den Stößelniedergang die Kraft eingeleitet und über zwei Kraftmeßkörper in den beiden Druckstangen des geschlossenen Rahmens gemessen. Infolge der Querschnittsabnahme des Werkstückes bestehen vor und hinter der Umformzone unterschiedliche Relativgeschwindigkeiten des Werkstuckes zu den Ziehbacken. Den Ausgleich dieser Geschwindigkeitsdifferenz übernimmt ein Hydrauliksystem mit beweglichem Kolben während der Druckerzeugung. Der an einem Druckbegrenzungsventil eingestellte Zylinderdruck baut sich beim Abwärtshub des Pressenstößels auf. Dabei taucht der Kolben gegen den beaufschlagten Druck (dies entspricht der Druckkraft F_D) in den Zylinder ein und gleicht so die Geschwindigkeitsdifferenz aus.

Ein piezoelektrischer Druckaufnehmer zeigt den gewählten Druck an. Die Querkraft F_Q kann mittels Dehnungsmeßstreifen über die elastische Aufweitung der Seitenholme der Ziehbackenaufnahme berechnet werden.

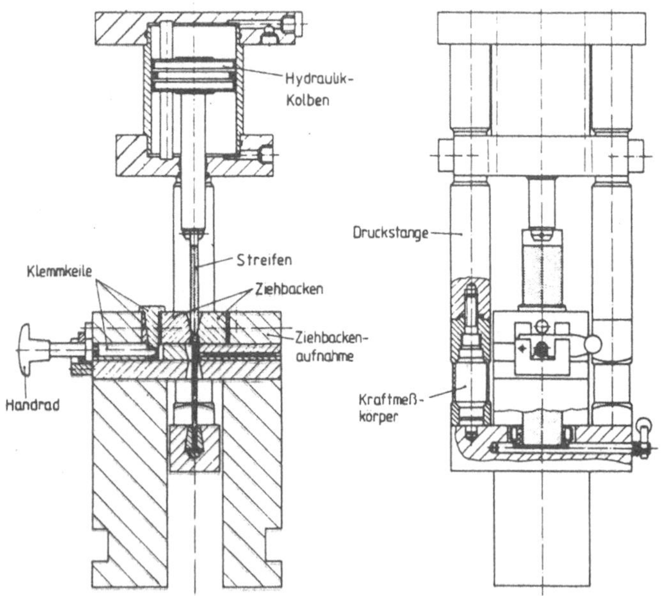

Bild 9: Werkzeug zum Ziehdrücken.

Bei den Ziehbacken wurde in Anlehnung an /115/ ein Werkzeugöffnungswinkel von 15° mit einem Radius von 2 mm am Übergang vom Einlauf- zum Auslaufwinkel gewählt. In den Gleichungen (1) und (2) wird dieser Radius nicht berücksichtigt; er führt bei sehr kleinen Umformgraden zu fehlerhaften Werten. Für eine dem tatsächlichen Vorgang genauer entsprechende Berechnung von Reibzahl und mittlerer Flächenpressung wird die Umformzone in drei Bereiche zu α = 3,75°, 11,25° und 15° unterteilt, und mit Hilfe eines Rechenprogrammes die resultierende Reibzahl und mittlere Flächenpressung bestimmt.

Bei diesem Schmierstoffprüfverfahren gestalten sich das Vorbereiten der Proben und die Durchführung der Versuche sehr aufwendig. Bild 10 zeigt die Bearbeitungsfolge der Proben für das Ziehdrücken. Nach dem Sägen vom Stabmaterial und Entgraten muß das Werkstück in seinem Querschnitt durch Flachstauchen verringert werden, so daß seine Dicke geringer ist als der vom Werkzeug gebildete Spalt. Das bedeutet aber, daß die Klemmvorrichtung gelöst und die Ziehbacken beim Einlegen eines jeden Werkstückes aus der Ziehbackenaufnahme zu entnehmen sind.

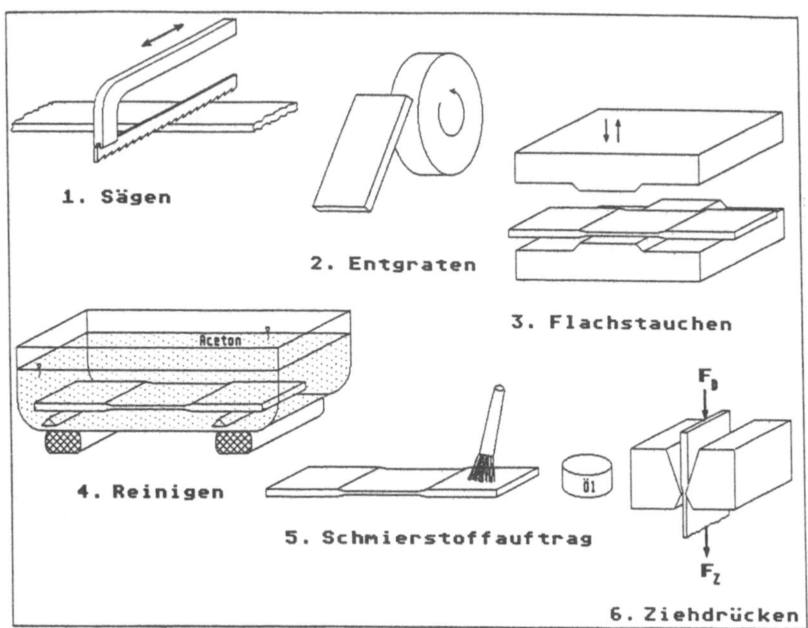

Bild 10: Bearbeitungsfolge beim Ziehdrücken.

Die Probe wird in einem Ultraschallbad mit Aceton gereinigt. Der Schmierstoff wird mit einem Pinsel aufgetragen, das Werkstück anschließend in das
Werkzeug eingebracht und die Ziehbacken über einen Klemmechanismus ver-
spannt. Unterschiedliche Umformgrade lassen sich durch Distanzscheiben an
den Ziehbacken einstellen. Über zwei geriffelte Keile wird die Probe in der
unteren Querverstrebung geklemmt und anschließend der Hydraulikkolben auf
die obere Stirnfläche der Probe aufgefahren. Der Niedergang des Stößels
löst den Ziehdrückvorgang aus.

Die beim Umformvorgang aufgenommenen Meßsignale der Kraftmeßkörper in den
Druckstangen, der Dehnungsmeßstreifen in der Ziehbackenaufnahme sowie des
piezoelektrischen Druckaufnehmers werden über einen Trägerfrequenz-Meßverstärker einem Transientenrecorder zugeführt, der die Meßwerte abspeichert
und ein zeitlich verzögertes Ausdrucken auf einem Plotter erlaubt.

Als Werkstückwerkstoff wurde blankgezogener Flachstahl aus R St 37 K sowie
gewalzter Stahl aus X 5 CrNi 18 9 mit dem Querschnitt von 50 x 8 mm² und
einer Länge von 160 mm eingesetzt. In Bild 11 sind die Fließkurven für
diese Werkstoffe für Probenentnahmen quer und parallel zur Ziehrichtung
dargestellt.

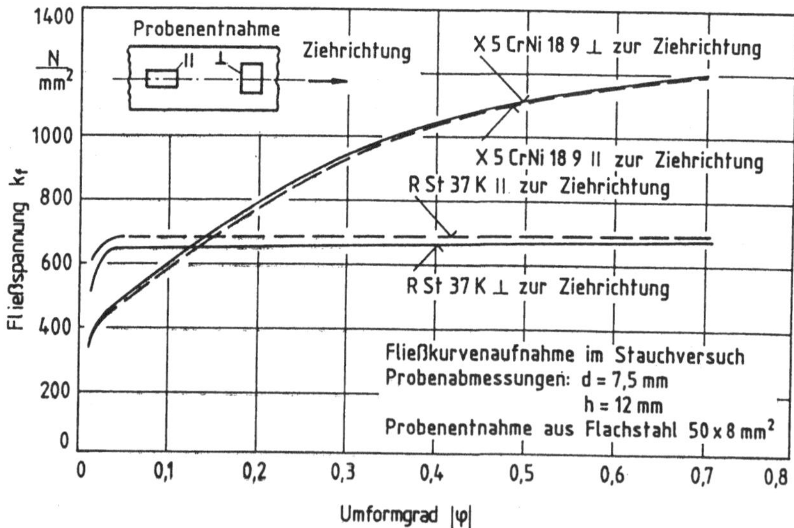

Bild 11: Fließkurven der verwendeten Versuchswerkstoffe.

Für die Ziehbacken wurde als Werkzeugwerkstoff der Werkzeugstahl mit der Werkstoffnummer 1.2379 (X 155 CrNiMo 12 1) und einer Härte von ca. 60 HRC eingesetzt. Zur Vermeidung von Kaltverschweißungen wurde auf die Ziehbacken eine etwa 7 μm dicke TiC/TiN-Beschichtung aufgebracht. Ein daran anschließendes Nachfinish der Gleitflächen ergab für die gemittelte Rauhtiefe R_z einen Wert von 0,7 μm.

4.1.2   Schrägstauchen

Bei Stauchverfahren wird eine aussagefähige Schmierstoffprüfung durch die ungleichmäßigen Reibverhältnisse, bedingt durch unterschiedliche Relativgeschwindigkeiten an den Stirnflächen der Stauchproben, erschwert. Bereits Nittel /25/ und El-Magd /116/ versuchten diesen Nachteil durch Stauchen einer Probe zwischen parallelen, zur Stauchrichtung um einen bestimmten Winkel geneigten Stempelflächen (Schrägstauchen) zu kompensieren. Wie Gräbener /43/ nachwies, ging Nittel /25/ dabei von ungeeigneten Neigungswinkeln aus. Eine Schmierstoffprüfung anhand der Bestimmung geometrischer Änderungen von Mantelflächenneigung und Stauchgrad, wie El-Magd /116/ sie vorschlug, ist nach den Erkenntnissen aus /43/ nicht durchführbar.

Zur Bestimmung der Relativgeschwindigkeit wurde von Gräbener /43/ die Methode der Visioplasticity angewandt. Dazu wurde in der Mitte einer zersägten Probe ein äquidistantes Liniennetz mit einem Abstand von 0,5 mm aufgebracht. Das verzerrte Netz der zusammengeklebten und stufenweise umgeformten Proben wurde anschließend an einem Meßmikroskop ausgewertet. Damit konnten Bahnlinienverteilung und Geschwindigkeitsfeld während des Stauchvorganges berechnet werden. Hieraus erfolgte die Ermittlung der örtlichen Vergleichsformänderungen. Aus diesen Messungen und Berechnungen konnte gefolgert werden, daß die Verformung der Probe beim Schrägstauchen im wesentlichen aus der Verschiebung der beiden Querschnittshälften entlang der Diagonalen besteht. Gleichmäßige Geschwindigkeitsverhältnisse an den Berührflächen Werkstück/Werkzeug stellen sich für Stempelneigungswinkel von $\alpha \geq 70°$ ein.

In Bild 12 sind die beim Schrägstauchen am Werkstück bzw. Werkzeug angreifenden Kräfte aufgetragen. Infolge einer Relativbewegung des oberen Stauchstempels an der Führungsbahn tritt dort die Verlustkraft F_v auf. Die notwendige Umformkraft F_{st} ergibt sich aus der Summe von Stempelkraft F_{st}^*

und Verlustkraft Fv. Mit Hilfe geometrischer Beziehungen läßt sich die Reibzahl zu

$$\mu = \frac{\tan\alpha - F_Q \cdot (F_{St} - F_V)}{1 + \tan\alpha \cdot F_Q / (F_{St} - F_V)}$$ (3)

bestimmen. Für die Berechnung der Flächenpressung ergibt sich unter der Annahme von $A^* \approx A_0 \cdot e^{|\varphi y|}$:

(4)

$$p_m = \frac{F_N}{A^*} = \frac{F_Q \cdot \sin\alpha + (F_{St} - F_V) \cdot \cos\alpha}{A_0 \cdot e^{|\varphi y|}}$$ (4)

In diesen Gleichungen sind die Stempelkraft F_{St}, Querkraft F_Q sowie die Verlustkraft F_V unbekannt. Daher muß die Versuchseinrichtung zum Schrägstauchen eine Möglichkeit zur Ermittlung dieser Kräfte bieten.

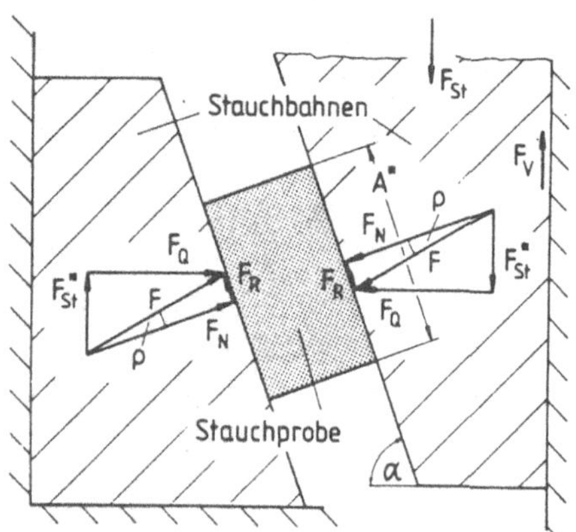

Bild 12: Kräftegleichgewicht beim Schrägstauchen /43/.

Bild 13 zeigt eine Skizze des Versuchswerkzeuges zum Schrägstauchen. Es besteht aus einem teilbaren Rahmen mit einer Vorspanneinrichtung zur Aufnahme der hohen Querkräfte, auswechselbaren Stempelpaaren mit Neigungswinkeln von 70° und 80°, sowie den Kraftmeßkörpern zur Bestimmung der Stempel- und Querkraft. Die Verlustkraft wurde in /43/ experimentell bestimmt. Der untere Stauchstempel sitzt fest im Gehäuse, der obere bewegliche Stauchstempel wird an mit dem Rahmen verschraubten, gehärteten Gleitbahnen geführt. Über Zuganker wird mit einer Kraft von 300 kN vorgespannt.

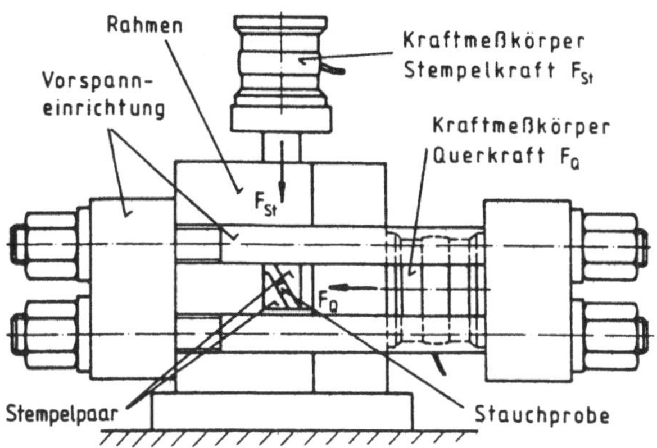

Bild 13: Prinzipdarstellung des Werkzeuges zum Schrägstauchen.

Bei der Versuchsdurchführung kamen Werkstücke mit quadratischem Querschnitt bei einer Kantenlänge von 8 mm und einer Länge von 60 mm zum Einsatz. Die Werkstücke werden durch eine seitliche Öffnung in das Werkzeug eingelegt, die obere Stauchbahn klemmt durch ihr Eigengewicht die Probe. Der Pressenstößel fährt auf die auf dem oberen Stauchstempel befindliche Kraftmeßdose und führt anschließend den Vorgang des Schrägstauchens durch. Über einen Trägerfrequenz-Meßverstärker werden die Signale der Kraftmeßkörper einem Transientenrecorder zugeleitet und zeitlich verzögert auf einem Plotter ausgedruckt.

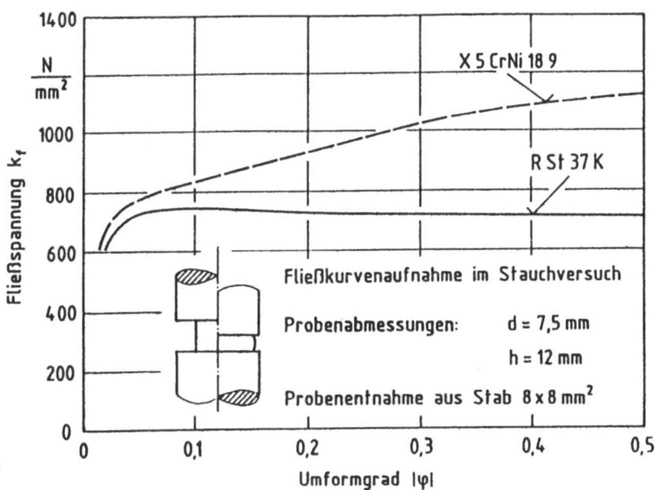

Bild 14: Fließkurven der eingesetzten Versuchswerkstoffe.

Für die Durchführung der Versuche wurde Vierkantmaterial aus unlegiertem Stahl R St 37 K sowie aus austenitischem Stahl X 5 CrNi 18 9 eingesetzt. Die Fließkurven dieser Stähle sind in Bild 14 aufgezeichnet. Für die Stempelpaare wurde der Werkzeugstahl mit der Werkstoffnummer 1.2379 eingesetzt und auf ca. 60 HRC gehärtet. Die gemittelte Rauhtiefe R_z der Stauchstempel betrug 0,9 µm.

4.1.3 Ringstauchen

Das bekannteste Prüfverfahren aus der Gruppe der Stauchverfahren ist das Ringstauchen, das von Kunogi /117/, Kudo /118/, Male und Cockcroft /31/ sowie Burgdorf /119/ entwickelt wurde und vielfältig zum Einsatz kommt /120 bis 123/. Hierbei wird ein ringförmiger Stauchkörper bestimmter Ausgangsabmessungen zwischen zwei ebenen, parallelen Werkzeugflächen auf bis zu 50 % seiner Ausgangshöhe gestaucht. Bei konstantem Oberflächenzustand verschiebt sich in Abhängigkeit von der Reibzahl die Fließscheide im Ring und bewirkt , daß der Werkstoff mehr oder weniger stark nach innen bzw. außen fließt.

Besonders vorteilhaft an diesem Verfahren ist, daß während des Umformvorganges keine Messung von Kräften oder Bewegungen erforderlich ist. Die Bestimmung der Reibzahlen ergibt sich allein aus den Änderungen der geometrischen Abmessungen der Ringprobe vor und nach dem Umformvorgang. Hierzu wird in /32/ die Messung der Probenendhöhe und des Innendurchmessers vorgeschlagen, da der Innendurchmesser gegenüber dem Außendurchmesser ein empfindlicheres Maß für die Messung der Reibzahl darstellt. Bei Kenntnis des Innendurchmessers und der Höhe der gestauchten Probe läßt sich die Reibzahl mit Hilfe eines Nomogramms ermitteln.

Dieses Nomogramm ist nur für eine annähernd konstante Reibzahl zulässig. Ändert sich jedoch während der Messung die Reibzahl, so können die aktuellen Werte aus der Lage der Meßpunkte im Nomogramm nur grob abgeschätzt werden. Für eine genaue Ermittlung der Reibzahl müßte dann ein zweites Nomogramm für die neue Ausgangsgeometrie errechnet und im Punkt der Reibzahländerung angesetzt werden.

4.2   LABORPRÜFVERFAHREN

4.2.1   Vierkugel-Apparat

Die Prüfung von Schmierstoffen mit dem Vierkugel-Apparat (VKA) ist das bei den Schmierstoffherstellern am häufigsten eingesetzte Prüfverfahren. Es handelt sich dabei um ein genormtes Schmierstoffprüfverfahren /5/, das mit geringem Aufwand in kurzer Zeit Ergebnisse liefert. Bei diesem Verfahren wird der Schmierstoff in einem Vierkugelsystem geprüft (Bild 15). Die rotierende Kugel (Laufkugel) rotiert auf drei ihr gleichen Kugeln (Standkugeln). Die Laufkugel wird stufenweise mit Kraft beaufschlagt, so daß in den drei Berührpunkten mit den Standkugeln die Hertz'sche Flächenpressung und somit die Anforderungen an die Tragfähigkeit und EP-Wirksamkeit des Schmierstoffes bzw. seiner Additive zunehmen. Als Kriterium für die Güte des Schmierstoffes gilt die Kraft, mit welcher die Laufkugel die Standkugeln ohne ein Verschweißen (Gutkraft) belasten kann, bzw. bei der ein Verschweißen der Kugeln (Schweißkraft) eintritt.

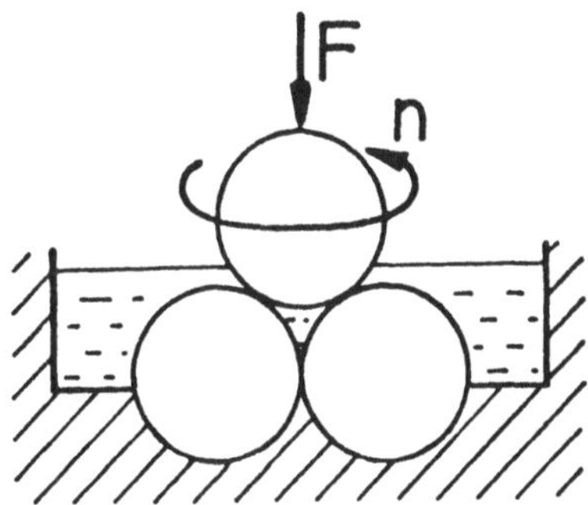

Bild 15: Verfahrensprinzip des Vierkugel-Apparates.

Als Kugelwerkstoff wird der Wälzlagerstahl 100 Cr 6 mit einer Härte von ca. 63 HRC verwendet. Die Drehzahl der Prüfspindel beträgt nach /5/ 1420 min^{-1}, dies entspricht einer mittleren Gleitgeschwindigkeit von 0,542 m/s.

4.2.2   Reibverschleißwaage nach Reichert

Für die Schmierstoffprüfung mit Hilfe der Reibverschleißwaage nach Reichert existiert eine interne Norm der Schmierstoffhersteller /4/. Dieses Verfahren basiert auf einem belasteten Ring-Rolle-Verschleißsystem (Bild 16).

Die Prüfmaschine besteht im wesentlichen aus einer Prüfrolle aus 100 Cr 6, die über einen Hebel mit einer Kraft von 15 N gegen einen rotierenden Reibring gedrückt wird. Der Reibring ist mit seinem unteren Teil in den zu prüfenden Schmierstoff eingetaucht. Die Drehzahl des Reibringes wird so gewählt, daß stets eine bestimmte Schmierstoffmenge in die Kontaktzone von Prüfrolle und Reibring gelangt. Aufgrund der um 90° versetzten Anordnung der beiden Reibpartner stellt sich ein ellipsenförmiges Verschleißprofil ein. Eine Vergrößerung dieser Verschleißellipse ergibt eine Abnahme der Flächenpressung, so daß sich eine Schmierfilmschicht zwischen Rolle und Ring bilden kann. Dieser Vorgang kann durch ein Abklingen des Reibgeräusches registriert werden. Der Kennwert dieses Prüfverfahrens ist die spezifische Flächenpressung, welche sich aus Einschliff und Belastung ergibt.

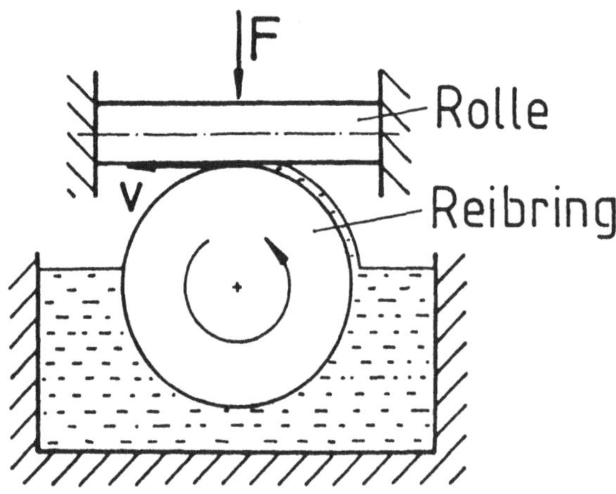

Bild 16: Verfahrensprinzip der Reibverschleißwaage nach Reichert.

5   **UNTERSUCHTE SCHMIERSTOFFE**

5.1   **MINERALÖLE MIT BEKANNTER ADDITIVIERUNG**

Mineralöle werden in der Kaltmassivumformung nicht in reiner Form eingesetzt, da sie die hier auftretenden Anforderungen in der Regel nicht erfüllen (vgl. Bild 5). Daher werden Flüssigschmierstoffen auf Mineralölbasis im allgemeinen Zusätze in Form von Fettstoffen, Chlor-, Schwefel- und Phosphoradditiven zulegiert. Eine Prüfung von handelsüblichen Schmierstoffen ist nicht sinnvoll, da sie sich aufgrund unterschiedlichster Additivierungen und Viskositäten nicht vergleichen lassen.

Für die Untersuchung wurden deshalb Modellschmierstoffe so formuliert, daß jeweils ein Parameter gezielt verändert werden konnte. In Tabelle 2 sind die auf diese Weise zusammengestellten Schmierstoffe aufgelistet. Diese Schmierstoffe erlauben aufgrund ihrer Formulierung eine konkrete Aussage über das Verhalten einzelner Additive. Ein Vergleich von chlorhaltigen mit chlorfreien Schmierstoffen soll zeigen, inwieweit die Forderung der Industrie nach chlorfreien Produkten erfüllt werden kann. Variiert wurden ferner der Einsatz bzw. die Art von Fettstoffen, Haftverbesserern, Schwefel- und Phosphoradditiven sowie Grundöl und Viskosität der Schmierstoffe.

Eine nahezu konstante Viskosität aller Schmierstoffe konnte durch die Wahl von Grundölen aus einer Ölreihe erzielt werden. Die kinematische Viskosität bei 40 °C wurde auf einen für die Kaltmassivumformung üblichen Wert von ca. 160 mm^2/s eingestellt. Als Grundöle kamen überwiegend naphtenische Öle zum Einsatz. Im Schmierstoff 17 (im folgenden mit S17 bezeichnet) wurde dieser Öltyp durch paraffinisches Grundöl ersetzt, um den Einfluß des Grundöles prüfen zu können. Bei S13 wurde ebenfalls paraffinisches Grundöl eingesetzt, da die relativ hohe Viskosität in S13 nur mit Hilfe eines paraffinischen Grundöles erreicht werden konnte. Die Analysedaten der eingesetzten Grundöle können aus dem Anhang A2 entnommen werden.

Fettstoffe wurden in Form von Glycerol-Trioleat (Estol 1435), Rüböl, Trimethylolpropanester (TMP-Ester) und einem Gemisch aus Rüböl und geschwefeltem Fettsäureester eingesetzt (Anhang A3). Die Konzentration der Fettstoffe im Mineralöl lag bei 15 Gewichtsprozent (Ausnahme: S21 mit 3,2 Gewichtsprozent).

Tabelle 2: Zusammensetzung der untersuchten Mineralölschmierstoffe bekannter Additivierung.

Schmierstoff	Mineralöl Gew. %	Fettstoff Gew. %	Chloradditiv Gew. %	Gesamtchlorgehalt Gew. %	Schwefeladditiv Gew. %	Gesamtschwefelgehalt Gew. %	Phosphoradditiv Gew. %	Gesamtphosphorgehalt Gew. %	Haftverbesserer Gew. %	Gesamtgehalt an Additiven Gew. %	Viskosität bei 40°C mm²/s	Viskosität bei 60°C mm²/s	Viskosität bei 80°C mm²/s	Viskositätsindex
S 1	85	15 [2]	—	—	—	—	—	—	—	15	164	62	29	80
S 2	60	15 [2]	25 [6]	14	—	—	—	—	—	40	160	57	26	76
S 3	40	15 [2]	20 [6]	11	20 [8]	6.5	5.0 [13]	0.4	—	60	163	59	28	96
S 11	40	15 [3]	20 [6]	11	20 [8]	6.5	5.0 [13]	0.4	—	60	166	59	28	96
S 12	40	15 [2]	20 [6]	11	20 [8]	6.5	5.0 [13]	0.4	—	60	50	22	11	66
S 13	40 [0]	15 [2]	20 [6]	11	20 [8]	6.5	5.0 [13]	0.4	—	60	444	147	61	106
S 14	60	15 [2]	—	—	20 [8]	6.5	5.0 [13]	0.4	—	40	165	65	28	98
S 15	42	15 [2]	18 [7]	11	20 [8]	6.5	5.0 [13]	0.4	—	58	166	62	27	92
S 16	30	15 [2]	20 [6]	11	20 [8]	6.5	5.0 [13]	0.4	10 [15]	70	134	58	28	130
S 17	40 [1]	15 [2]	20 [6]	11	20 [8]	6.5	5.0 [13]	0.4	—	60	25	13	8	150
S 18	85	15 [4]	—	—	—	—	—	—	—	15	157	58	27	93
S 19	80	—	—	—	—	1.5 [11]	—	0.5 [11]	—	20	156	58	28	99
S 20	80	—	—	—	20 [9]	2.2	—	—	—	20	158	59	27	94
S 21	80	3.2 [5]	—	—	—	0.3 [12]	—	0.1 [12]	—	20	151	58	28	105
S 22	80	—	—	—	20 [10]	6.4	—	—	—	20	156	57	27	90
S 23	95	—	—	—	—	—	5.0 [14]	0.3	—	5	154	56.5	26	91
S 24	80	—	—	—	—	1.5 [11]	—	0.5 [11]	0.5 [16]	20	156	58	28	93
S 25	79.5	—	—	—	20 [9]	2.2	—	—	0.5 [16]	20	158	59	27	99

0 Cylesso 1200 (Paraffinöl)

1 Somentar 43 (paraffinisches Solventraffinat)

2 Estol 1435

3 Rüböl

4 Trimethylolpropanester

5 Gemisch aus Rüböl und Fettsäureester

6 Hordalub 500 HT

7 Hordaflex LC 60

8 Additiv RC 2526

9 Geschwefelter Fettsäureester

10 Dialkylpentasulfid

11 Aschefreies Additiv auf Phosphor-Schwefel-Basis

12 Phosphor-Schwefelester

13 Additiv RC 3180

14 Dialkyl-dithiophosphat

15 Polybuten 200

16 Polyisobutylen auf Syntheseölbasis

Als Chloradditive wurden den Modellschmierstoffen Chlorparaffine zulegiert. Zum Einsatz kamen zwei dieser Verbindungen. Hordalub 500 HT ist ein hochtemperaturstabiles Hochdruckadditiv, während Hordaflex LC 60 eine geringere Stabilisierung aufweist und somit reaktiver ist, d.h. die Chlorwasserstoffabspaltung setzt früher ein (Anhang A4). Für einen Vergleich der beiden Chlorparaffine bezüglich ihrer reibungssenkenden Wirkung wurde ein konstanter Gesamtchlorgehalt von 11 Gewichtsprozent eingestellt.

Als weiteres Additiv wurde den Schmierstoffen Schwefel, und zwar als geschwefelter Fettsäureester, eine Kombination aus geschwefelten, pflanzlichen Fettsäureestern und Kohlenwasserstoffen, sowie Dialkylpentasulfid zulegiert (Anhang A5). Bei einer Zugabe von jeweils 20 Gewichtsprozent Schwefeladditiv ergeben sich aufgrund der Schwefelgehalte der Additive die angegebenen unterschiedlichen Gesamtschwefelkonzentrationen.

Aschefreie Additive auf Phosphor-Schwefel-Basis und Phosphor-Schwefelester (Anhang A6) wurden den Schmierstoffen S19 und S20 in einer Konzentration von jeweils 20 Prozent zugegeben. Der geringe Phosphor- und Schwefelgehalt der Additive ergibt die niedrigen Gesamtkonzentrationen. Phosphoradditive wurden als aschehaltiges 2-Ethyl-hexyl-Zinkdithiophosphat sowie als aschefreies Dialkyl-dithiophosphat in einer Konzentration von 5 Gewichtsprozent verwendet (Anhang A7).

Drei Schmierstoffen wurden noch Haftverbesserer zugegeben, nämlich Polybuten 200 mit einem Gewichtsanteil von 10 Prozent und Polyisobutylen auf Syntheseölbasis mit einem niedrigen Gewichtsanteil von 0,5 % (Anhang A8).

Ferner sind in Tabelle 2 die kinematischen Viskositäten der geprüften Schmierstoffe bei 40 °C, 60 °C und 80 °C angegeben. Diese Viskositäts-Temperatur-Abhängigkeit der Schmierstoffe wurde aus Bild 17 ermittelt. Aus diesem Bild ist deutlich das Verhalten der Viskosität bei Temperaturerhöhung zu erkennen. Der Großteil der geprüften Schmierstoffe weist eine kinematische Viskosität bei 40 °C von $\nu \approx 160$ mm^2/s auf; Bild 17 zeigt hierfür den eingezeichneten Bereich. Die etwas geringere Viskosität bei S16 ($\nu_{40°C} = 134$ mm^2/s) führt nur zu geringen Abweichungen von diesem Bereich. Wesentlich geringere Viskositäten, wie bei S12 ($\nu_{40°C} = 50$ mm^2/s) und S17 ($\nu_{40°C} = 25$ mm^2/s) bedingen über dem gesamten Temperaturbereich eine gegenüber den übrigen Schmierstoffen geringere Viskosität. Die höchste Viskosität von S13 ($\nu_{40°C} = 444$ mm^2/s) weist eine geringere Temperaturabhängigkeit auf.

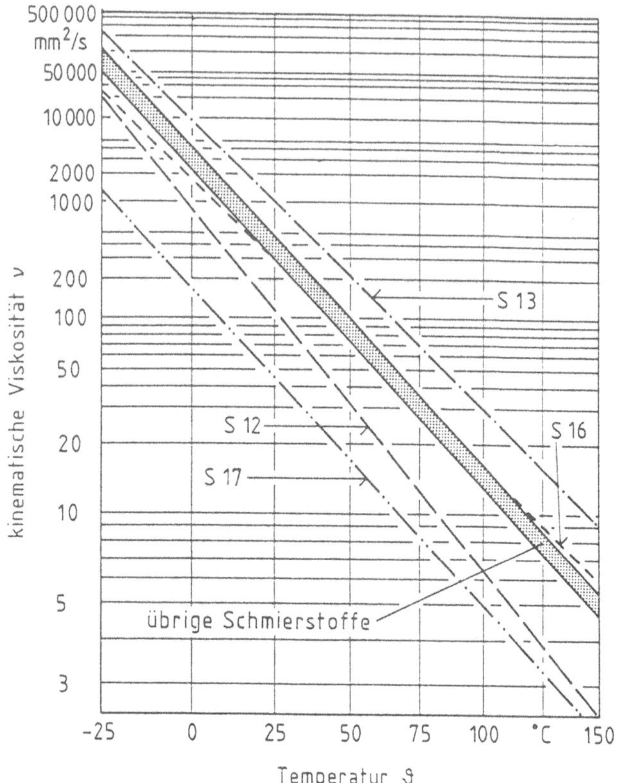

Bild 17: Viskositäts-Temperatur-Diagramm der Schmierstoffe.

Nach DIN 2909 ist der Viskositätsindex VI eine empirische Kennzahl und gibt das Viskositäts-Temperatur-Verhalten wieder. Je höher diese Zahl liegt, desto weniger ändert sich die Viskosität mit der Temperatur. In grober Näherung entspricht die Steigung der Viskositäts-Temperaturkurven in Bild 17 dem Viskositätsindex.

Als erster Kennwert eines Schmierstoffes wird häufig die Viskosität angegeben. In der Umformtechnik wirken auf die Viskosität neben der Temperatur vor allem noch der sich in der Wirkfuge aufbauende Druck ein. Mit Hilfe eines Quarzviskosimeters kann dieses Verhalten geprüft werden. Das Quarzviskosimeter basiert darauf, daß die Dämpfung von Schwingquarzen, die im Prüfmedium Scherschwingungen ausführen, gemessen wird. Die den Quarz umgebende Flüssigkeit bewirkt infolge ihrer Viskosität eine an den Oberflächen des Quarzes angreifende Reibkraft /124, 125/.

Bild 18 zeigt das mit Hilfe eines Quarzviskosimeters aufgenommene Viskositäts-Druck-Temperaturverhalten der Schmierstoffe S3 und S14. Da für die Messung neben der Viskosität auch die Dichte von Bedeutung ist, wurde statt der kinematischen Viskosität ν, welche den Quotient aus der dynamischen Viskosität η und Dichte ρ darstellt, für die Abszisse die dynamische Viskosität η gewählt. Die Druckverläufe wurden für Isothermen bei 40 °C sowie bei 60 °C, 80 °C und 100 °C ermittelt. Wie allgemein bekannt, stellen sich für niedrige Temperaturen hohe Viskositäten ein, die mit ansteigender Temperatur sinken. Wird diese Flüssigkeit nun mit Druck beaufschlagt, so ergibt sich für höhere Temperaturen eine Zunahme der Viskosität. Die Viskositätserhöhung ist dabei um so geringer je höher die Temperatur liegt. Ähnliche Erkenntnisse wurden in /126/, allerdings für wesentlich geringere Drücke, erhalten. Der Einfluß von Druck und Temperatur auf die Viskosität wird mit der Zunahme dieser beiden Werte, insbesondere für den Schmierstoff S3, ausgeprägter.

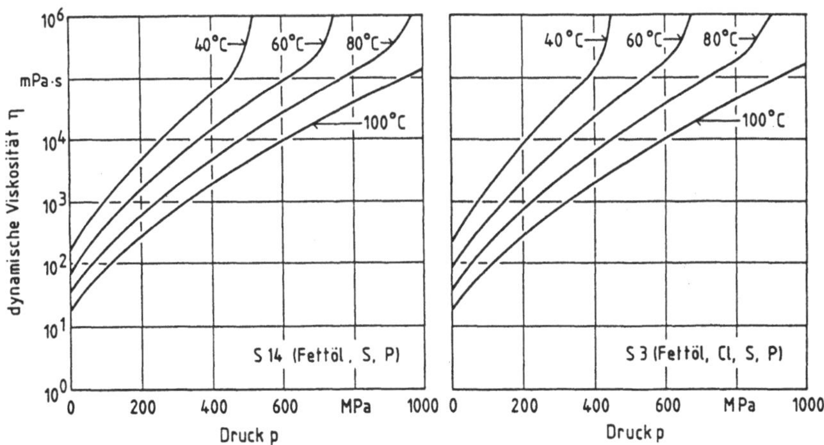

Bild 18: Viskositäts-Druck-Temperaturverhalten der Schmierstoffe S3 und S14.

Die geprüften Schmierstoffe S3 und S14 zeigen prinzipiell einen ähnlichen Viskositäts-Druck-Temperaturverlauf. Der sehr ausgeprägte Viskositätsanstieg der Isothermen von 40 °C bei Drücken von ca. 450 MPa für S3, bzw. ca. 520 MPa für S14 ist eindeutig durch die einsetzende Umwandlung des ursprünglich flüssigen Mineralöles in den festen Zustand zu erklären. Für die Isothermen von 60 °C und 80 °C wird ein ähnlicher, allerdings weniger stark ausgeprägter Verlauf erhalten. Erst bei einer Temperatur von 100 °C kann auch bis zum maximal geprüften Druck von 1000 MPa keine Umwandlung des Aggregatzustandes festgestellt werden.

Der zwischen den beiden Schmierstoffen S3 und S14 ermittelte Viskositätsunterschied bei hohem Druck und hoher Temperatur ist aufgrund der Formulierung eindeutig auf das dem Schmierstoff S3 zulegierte Chlorparaffin zurückzuführen. Das bedeutet: eine Zugabe von Chlorparaffin bewirkt bei einer Beaufschlagung mit Druck und Temperatur eine höhere Viskosität und damit auch eine Umwandlung des Schmierstoffes vom flüssigen in den festen Zustand bei geringerem Druck gegenüber chlorfreien Schmierstoffen.

5.2 WACHSE

Tabelle 3: Analysedaten der Polymerwachse.

<table>
<tr><td colspan="3" align="center">Polymerwachse</td></tr>
<tr><td>Spezifikation

Analysedaten</td><td>Polymerwachsoxidat,
verseift mit Triethanolamin
S 6</td><td>Polymerwachsoxidat,
alkaliverseift
S 7</td></tr>
<tr><td>Festkörpergehalt
(nach DIN 53 189)</td><td align="center">ca. 35 Gew. %</td><td align="center">ca. 30 Gew. %</td></tr>
<tr><td>Viskosität bei 20°C
(nach DIN 51 550)</td><td align="center">< 200 mm²/s</td><td align="center">< 420 mm²/s</td></tr>
<tr><td>Dichte bei 23°C
(nach DIN 51 757)</td><td align="center">ca. 1,02 g/ml</td><td align="center">ca. 1,02 g/ml</td></tr>
<tr><td>pH-Wert bei 20°C
(nach DIN 53 785)</td><td align="center">8 - 9</td><td align="center">8 - 9</td></tr>
</table>

Neben den Schmierstoffen auf Mineralölbasis in Abschnitt 5.1 wurden zwei Polymerwachsemulsionen geprüft. Beide Produkte sind ein Emulsionskonzentrat aus einem hochschmelzenden harten Polyethylenwachs, weisen jedoch unterschiedliche Emulgatoren auf. Der Schmierstoff S6 wurde mit Triethanolamin verseift; er weist einen Festkörpergehalt (Wachs und Emulgator) von 35 Gewichtsprozent auf. S7 ist alkaliverseift und enthält 30 Gewichtsprozent Festkörperanteil. S6 und S7 weisen dieselbe Dichte und einen identischen pH-Wert auf, unterscheiden sich jedoch bezüglich ihrer Viskosität (vgl. Tabelle 3). Diese Viskositätsdifferenz übt keinen Einfluß bei der Prüfung auf die Schmiereigenschaften aus, da die Polymerwachse an der Luft auf der Werkstückoberfläche aushärten und in diesem Zustand bei der Umformung vorliegen. Mit alkalischen Reinigern lassen sich die Polymerwachse von der Werkstückoberfläche entfernen.

Zusätzlich zu den synthetischen Polymerwachsen wurde zu Vergleichszwecken Bienenwachs (S4) in die Untersuchung mit einbezogen.

5.3 SONSTIGE UNTERSUCHTE SCHMIERSTOFFE

Um Vergleiche der in Abschnitt 5.1 aufgeführten Schmierstoffe mit in der Kaltmassivumformung industriell eingesetzten Schmierstoffen zu ermöglichen, wurden weitere Schmierstoffe, nämlich zwei Mineralölschmierstoffe sowie zwei Festkörperschmierstoffe untersucht.

Tabelle 4: Bekannte Daten der industriell eingesetzten Mineralöle.

Schmierstoff Analysedaten	S 5	S 8
Chlorgehalt	0 Gew. %	ca. 55 Gew. % Chlorparaffin
Sonstige Additive	Kombination polarer Wirk- stoffe mit EP-Additiven	"spezielle Additive"
Viskosität bei 20°C	ca. 630 mm²/s	ca. 9 375 mm²/s
Vikosität bei 40°C	ca. 170 mm²/s	ca. 1560 mm²/s
Dichte bei 20°C	ca. 0,91 g/ml	ca. 1,28 g/ml
Flammpunkt (COC)	> 200°C	—

Bei den Mineralölschmierstoffen wurde ein chlorfreies, nicht wasserlösliches Produkt (im folgenden mit S5 bezeichnet), sowie ein hochchlorhaltiger Schmierstoff (S8) ausgewählt. Der Schmierstoff S5 enthält als Additivpaket eine Kombination polarer Wirkstoffe mit Extreme-Pressure-Additiven. Die Viskosität bei 40 °C entspricht mit ca. 170 mm²/s der der speziel legierten Schmierstoffe. Der Schmierstoff S8 ist ein hochviskoses Mineralöl mit 55 % Chlorparaffinanteil sowie weiterer spezieller Additivierung. Tabelle 4 zeigt die bekannten Kennwerte dieser beiden Produkte.

Bei den Verfahren der Kaltmassivumformung finden häufig Festschmierstoffe auf Phosphat- bzw. Oxalatschicht Verwendung. Deshalb wurde zu Vergleichszwecken auch dieser Schmierstofftyp untersucht. Als Festschmierstoff mit Schichtgitterstruktur kam Molydag 16 (S9) auf einer Phosphatschicht zum Einsatz. Dabei wurde nach Herstellerangabe dem Molybdändisulfid eine spezielle Additivierung zugesetzt, die insbesondere eine verbesserte Schmierwirksamkeit und Elastizität des Schmierfilms bewirken soll. Als weiterer Schmierstoff wurde Bonderlube 236 (S10), ebenfalls auf einer Phosphatschicht als Trägerschicht, geprüft. Es handelt sich hier um einen Schmierstoff auf Seifenbasis.

6   BESTIMMUNG DER TEMPERATUR

6.1   BERECHNUNG

Infolge der Umwandlung von Umformarbeit in Wärme und aufgrund der Reibung in der Wirkfuge erfolgt beim Umformen eine Temperaturerhöhung von Werkzeug und Werkstück. Nach /127/ wird die zur Umformung aufzuwendende mechanische Arbeit bis auf einen geringen Anteil, der als latente Energie im Werkstoff gebunden bleibt, in Wärme umgesetzt. Des weiteren führt die durch die Reibarbeit in der Wirkfuge entstehende Wärme zu einer Temperaturerhöhung in der Oberflächenschicht. Die Temperaturverteilung im Werkstück und Werkzeug ist während des Umformvorganges sehr ungleichmäßig /128/. Mit Hilfe der elementaren Plastizitätstheorie nach Siebel /74, 75, 129/ läßt sich die Temperaturverteilung im Werkstück näherungsweise berechnen. Danach ergibt sich die aufzuwendende Arbeit bei Stab- und Drahtziehvorgängen aus

$$W = W_{ld} + W_{Sch} + W_R \tag{5}$$

Im reibungsfreien Fall und unter Berücksichtigung des Schiebungsanteiles ergibt sich für die Umformarbeit

$$W = k_{fm} \cdot \varphi \cdot A \cdot s + \frac{2}{3} \widehat{\alpha} \cdot k_{fm} \cdot A \cdot s \tag{6}$$

und somit bezogen auf das Volumen

$$\frac{W}{V} = k_{fm} \cdot \varphi + \frac{2}{3} \widehat{\alpha} \cdot k_{fm} \tag{7}$$

Für eine Temperaturerhöhung infolge Umformarbeit gilt

$$\Delta T = \frac{W}{c_p \cdot \rho \cdot V} \tag{8}$$

Durch Gleichsetzen von (7) und (8) folgt somit für die Temperaturzunahme:

$$\Delta T_F = \frac{k_{fm}}{c_p \cdot \rho} \left(\varphi + \frac{2}{3} \widehat{\alpha} \right) \tag{9}$$

Nach Untersuchungen von Farren und Taylor /130/ wird die zugeführte Energie in Wärme umgewandelt mit einem Wirkungsgrad von $\eta = 0{,}865$. Damit ergibt sich aus (9) für die Temperaturänderung infolge der Umformarbeit:

$$\Delta T_F = \frac{k_{fm} \cdot \eta}{c_p \cdot \rho} \left(\varphi + \frac{2}{3} \widehat{\alpha} \right) \tag{10}$$

Die Reibarbeit erzeugt in der Wirkfuge eine Wärmemenge, die zum Teil in das

Werkstück, zum anderen Teil aber in das Werkzeug abfließt. In der Wirkfuge entsteht pro Zeiteinheit dt bei der Umformgeschwindigkeit v durch die Reibarbeit je Flächeneinheit die Wärmemenge

$$\frac{dq}{dt} = \mu \cdot k_{fm} \cdot v \tag{11}$$

Es wird vorausgesetzt, daß die gesamte Reibwärme in das Werkstück abfließt; somit stellt sich folgendes Temperaturgefälle an der Werkstückoberfläche ein

$$\frac{dT_R}{dx} = \frac{1}{\lambda} \cdot \frac{dq}{dt} = \frac{\mu \cdot k_{fm} \cdot v}{\lambda} \tag{12}$$

Unter der Annahme eines parabolischen Temperaturverlaufes in Tiefenrichtung in der durch Reibung erwärmten Schicht ergibt sich:

$$\Delta T_R = \frac{1}{\lambda} \cdot \frac{dq}{dt} \cdot \frac{x^2}{2b} = \frac{\mu \cdot k_{fm} \cdot v}{\lambda} \cdot \frac{x^2}{2b} \tag{13}$$

Der Wärmeinhalt dieser Schicht pro Flächeneinheit läßt sich berechnen zu:

$$q = c_p \cdot \rho \cdot \int_0^b \Delta T_R \; dx = \frac{c_p \cdot \rho \cdot \mu \cdot k_{fm} \cdot v}{\lambda} \cdot \frac{b^2}{6} \tag{14}$$

Die Gleichungen (11) und (14) führen zu der Beziehung

$$b = \sqrt{\frac{6 \cdot l \cdot \lambda}{c_p \cdot \rho \cdot v}} \tag{15}$$

Wird (15) in (13) eingesetzt, so ergibt sich die infolge Reibung hervorgerufene Temperaturerhöhung zu

$$\Delta T_R = 1{,}22 \cdot \mu \cdot k_{fm} \cdot \sqrt{\frac{l \cdot v}{c_p \cdot \rho \cdot \lambda}} \tag{16}$$

Tatsächlich trifft aber die vorher genannte Annahme eines vollständigen Überganges der Reibwärme auf das Werkstück nicht zu: vielmehr wird auch ein Teil in das Werkzeug abgeleitet, d.h. die Wärmemenge teilt sich auf wie folgt:

$$q = m \cdot q + n \cdot q \tag{17}$$

Dabei stellen m·q die vom Werkstück bzw. n·q die vom Werkzeug aufgenommene Wärmemenge dar.

Die Temperaturerhöhung an der Werkstückoberfläche ergibt sich somit durch Addition der Gleichungen (10) und (16)

$$\Delta T_{ges} = \frac{k_{fm} \cdot \eta}{c_p \cdot \rho} \left(\varphi + \frac{2}{3} \hat{\alpha} \right) + 1{,}22 \cdot \mu \cdot k_{fm} \cdot \sqrt{\frac{l \cdot v}{c_p \cdot \rho \cdot \lambda}} \tag{18}$$

Die in Gleichung (18) enthaltenen Parameter sind im wesentlichen variable, werkstoffspezifische und zum Teil temperaturabhängige Werte. Der exakte Wert für die Reibzahl μ ist aus Versuchen bekannt. Nur ungenau zu bestimmen ist der Wärmeaufnahmefaktor m. Er wird in /75, 77/ mit m = 0,8 angenommen. Die für die Berechnung notwendigen werkstoffspezifischen Werte können der Tabelle 5 entnommen werden.

Tabelle 5: Werkstoffabhängige Zahlenwerte nach /131/ zur Bestimmung der Temperaturerhöhung.

Symbol	Bezeichnung	Zahlenwert	
		R St 37 K	X 5 Cr Ni 18 9
ρ	spezifische Dichte	7,85 kg/dm³	7,52 kg/dm³
c_p	mittlere spezifische Wärmekapazität	0,45 kJ/(kg·K)	0,46 kJ/(kg·K)
λ	Wärmeleitfähigkeit	50 W/(m·K)	17 W/(m·K)

Mit der vorstehend beschriebenen Vorgehensweise lassen sich Temperaturen bei Zieh- und Drückvorgängen berechnen. Die Ergebnisse der Berechnung für das Ziehdrücken werden im Abschnitt 6.2.1 angegeben.

Temperaturerhöhungen durch konventionelles Stauchen lassen sich mit Hilfe von /1, 114/ berechnen. Beim Schrägstauchen resultiert die Verformung der Probe hauptsächlich aus der gegenseitigen Verschiebung der beiden Querschnittshälften entlang der Diagonalen, sowie bei steigendem Umformgrad aus einer zunehmenden Stauchung (Abschnitt 4.1.2). Daher erscheint die Temperaturberechnung beim Schrägstauchen mit vertretbarem Aufwand nicht sinnvoll.

6.2   MESSUNG

6.2.1   Ziehdrücken

Unter den in Abschnitt 2.3 beschriebenen Meßverfahren scheint die Temperaturermittlung mit Hilfe von Thermoelementen am besten geeignet zu sein. Für
alle Messungen wurden Mantelthermoelemente des Typs Thermocoax Chromel
Alumel 2 ABI 15 mit einem Außendurchmesser von 1,5 mm eingesetzt. Der
Durchmesser der beiden Thermoadern betrug 0,3 mm. Die Ansprechzeit lag bei
80 ms. Die Thermoelemente wurden an den gewählten Meßstellen punktge-
schweißt.

Zwei Thermoelemente wurden im Abstand von 1 mm und 2 mm unterhalb der
Werkzeugoberfläche appliziert. Somit konnte bei jedem Ziehdrückvorgang eine
Messung der Temperatur erfolgen. Zusätzlich wurde bei einigen Messungen ein
Thermoelement mittig auf der Werkstückoberfläche angebracht. Bild 19 zeigt
den Kraft- und Temperaturverlauf über der Zeit für solch ein vorbereitetes
Werkstück.

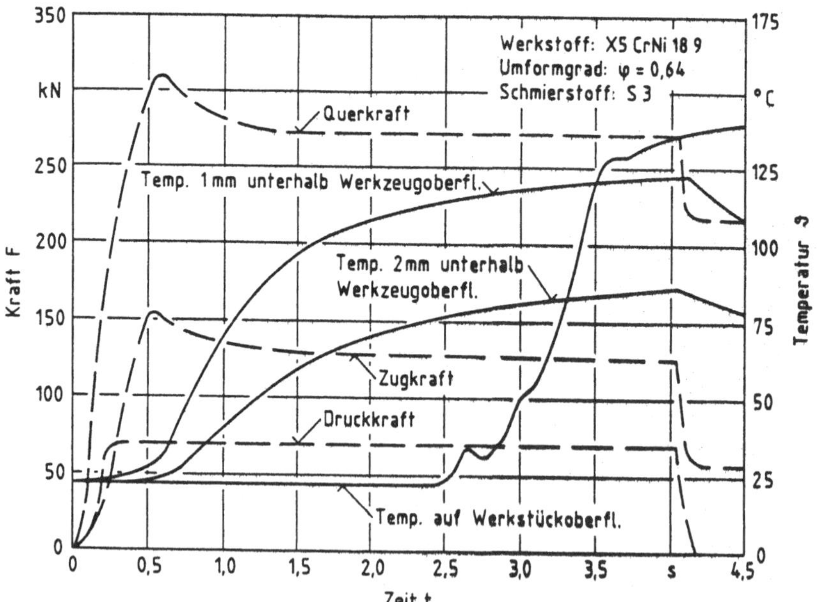

Bild 19: Kraft- und Temperatur-Zeit-Verläufe beim Ziehdrücken.

Insbesondere die aufgezeichneten Temperaturen sind in diesem Zusammenhang interessant. Das auf dem Werkstück applizierte Thermoelement spricht unmittelbar, bevor es in die Umformzone gelangt, erstmalig an und die Temperatur des Thermoelements zeigt anfänglich einen diskontinuierlichen Verlauf. Danach weist die Temperaturkurve einen kontinuierlich ansteigenden Verlauf bis zu einem Temperaturmaximum auf, an dem die Temperatur am Thermoelement den maximalen Umformgrad anzeigt. Nach der Umformung kühlt die untersuchte Stelle geringfügig ab, bis sie infolge Wärmeleitung aufgrund des Temperaturgefälles vom Werkstückinnern zum -rand wieder erwärmt wird und sich asymptotisch einer Temperatur nähert, die für alle untersuchte Umformgrade über der Temperatur zum Zeitpunkt des Umformens liegt.

In Bild 19 sind ferner die Temperaturen im Abstand von 1 mm und 2 mm unterhalb der Werkzeugoberfläche aufgezeichnet. Nach einem Einlaufvorgang von etwa 0,7 s entsprechen die beiden aufgezeichneten Temperaturen zunächst einer logarithmischen Funktion, die sich zum Vorgangsende hin asymptotisch einem Grenzwert nähert. Während dieses asymptotischen Verlaufes ist der Temperaturgradient zwischen den beiden Meßstellen nahezu konstant, d. h. es kann von einem stationären Prozeß ausgegangen werden. Von Interesse ist die Temperatur auf der Werkzeugoberfläche. Für einen Wärmestrom $\dot{Q}$ durch den Querschnitt A gilt bei der Wärmeleitung das Gesetz von Fourier /132/ in allgemeiner Form:

$$\dot{Q} = \lambda \cdot A \cdot \left(\frac{\delta \vartheta}{\delta x} i + \frac{\delta \vartheta}{\delta y} j + \frac{\delta \vartheta}{\delta z} k \right) \tag{19}$$

Unter der vereinfachenden Annahme, daß die Temperatur über der Werkstückbreite als konstant angenommen werden kann - beim Ziehdrücken befanden sich die beiden Thermoelemente in der Mitte der 50 mm breiten Ziehbacken - und keine Randbeeinflussung vorliegt, reduziert sich das Gesetz von Fourier von einem räumlichen auf ein lineares Problem. Somit fließt der Wärmestrom nur in einer Richtung, das Fourier'sche Gesetz ergibt sich zu

$$\dot{Q} = \lambda \cdot A \cdot \frac{\delta \vartheta}{\delta x} \tag{20}$$

Für den Fall des beschriebenen stationären Prozesses gilt für den Wärmestrom von der Werkzeugoberflächentemperatur T_0 zur Meßstelle T_1 bzw. T_2:

$$\dot{Q}_1 = \lambda \cdot A \cdot \frac{T_1 - T_2}{s_2 - s_1} \tag{21}$$

$$\dot{Q}_2 = \lambda \cdot A \cdot \frac{T_0 - T_1}{s_1} \tag{22}$$

Damit läßt sich, ausgehend von den mittels zweier Thermoelemente gemessenen Temperaturen, die an der Werkzeugoberfläche herrschende Temperatur berechnen zu:

$$T_0 = \frac{T_1 - \frac{s_1}{s_2} \cdot T_2}{1 - \frac{s_1}{s_2}} \tag{23}$$

Bild 20 zeigt die auf diese Weise, resultierend aus der Temperaturmessung im Werkzeug, für die Werkzeugoberflächen erhaltenen Temperaturen. Bei einer Vielzahl von Messungen ergaben sich für die beiden Werkstoffe unabhängig vom geprüften Schmierstoff Standardabweichungen von 2 C bis 3,5 C.

Beim Werkstoff R St 37 K stellt sich eine sehr gute Übereinstimmung zwischen der nach Abschnitt 6.1 berechneten und der aus der Messung im Werkzeug bestimmten Temperatur ein. Die gemessene Temperatur auf der Werkstückoberfläche ist deutlich geringer als die beiden zuerst genannten Temperaturen. Dies läßt sich auch für X 5 CrNi 18 9 feststellen. Ein Grund hierfür ist sicher das in Bild 19 bemerkte Verhalten, wonach sich die Temperatur an der Werkstückoberfläche während des Umformvorganges infolge Wärmeleitung geringer als nach dem Umformvorgang einstellt. Die große Differenz dieser Temperaturen läßt sich allein dadurch aber noch nicht erklären, es müssen noch andere, unbekannte Gründe eingewirkt haben.

Für den austenitischen Stahl ergeben sich bei einem Vergleich von berechneter Temperatur und der Temperatur resultierend aus der Messung im Werkzeug große Unterschiede. Eine Begründung hierfür kann in der Wahl der für eine Berechnung notwendigen Kennwerte gesehen werden. Darüberhinaus wurde ein Einfluß der Oberflächenrauheit vermutet. Zur Prüfung dieses Parameters wurden Werkstücke auf die gemittelte Rauhtiefe von $R_z = 13,1$ µm eingestellt. Wie Bild 21 zeigt, ergibt sich für X 5 CrNi 18 9 bei dieser Rauhtiefe gegenüber Werkstücken mit größerer Rauhtiefe eine höhere auf der Werkzeugoberfläche gemessene Temperatur. Ein Vergleich mit der berechneten Temperatur, wo die Rauhtiefe ja nicht berücksichtigt wird, zeigt für Umformgrade $\varphi \geq 0,5$ nahezu denselben Temperaturverlauf. Für Umformgrade unterhalb von diesem Wert liegt bei der geringeren Rauhtiefe eine deutlich höhere Temperatur vor.

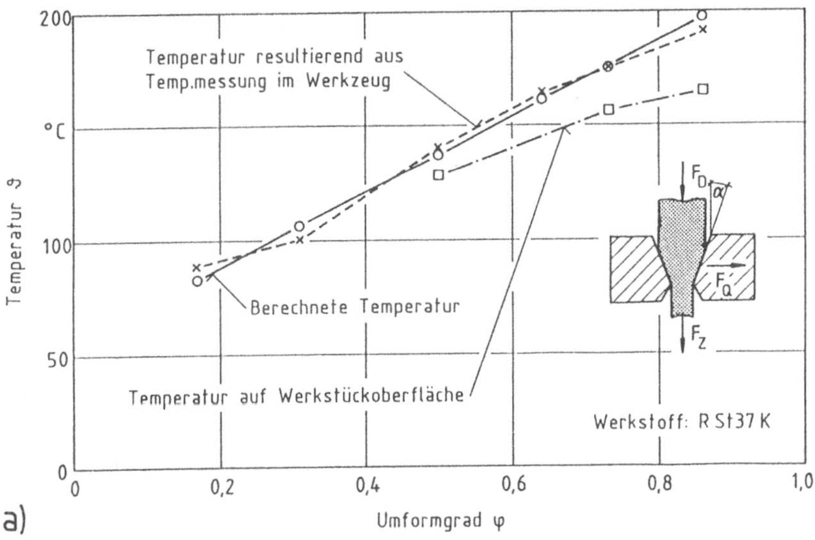

a)

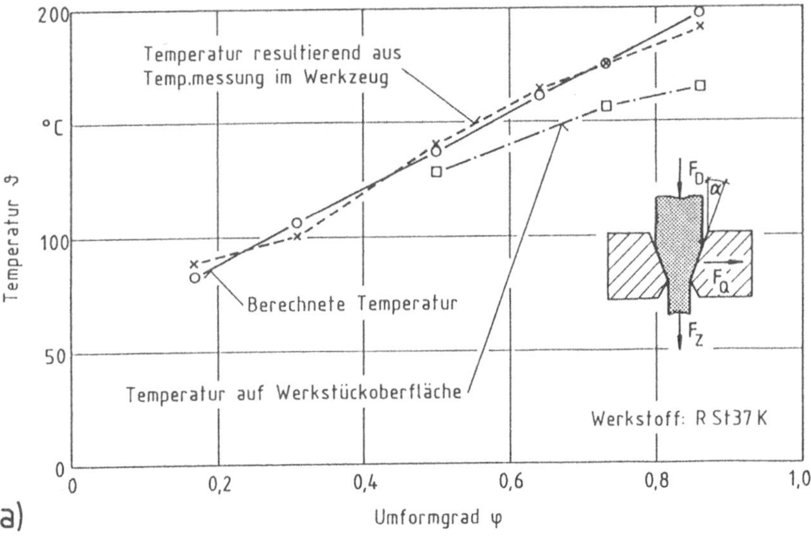

a)

Bild 20: Berechnete und gemessene Temperaturen beim Ziehdrücken für die Werkstoffe R St 37 K und X 5 CrNi 18 9.

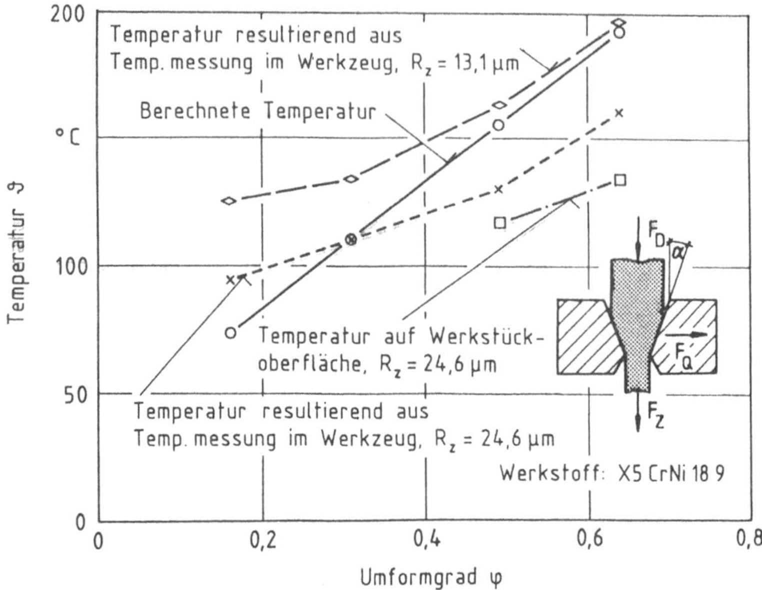

Bild 21: Einfluß der Oberflächenrauheit auf die Temperatur beim Ziehdrücken.

Die für die Reaktionsschichtbildung sicher wesentlichen Blitztemperaturen im Mikrobereich können mit der beschriebenen Vorgehensweise nicht erfaßt werden.

6.2.2 Schrägstauchen

Für die Temperaturmessung beim Schrägstauchen wurden dieselben Mantelthermoelemente verwendet, die sich bereits beim Ziehdrücken bewährt hatten. Wiederum wurde zunächst versucht, die in der Wirkfuge herrschende Temperatur über zwei im Werkzeug im Abstand von 1 mm bzw. 2 mm von der Werkzeugoberfläche integrierte Thermoelemente zu erfassen. Infolge Wärmeleitung und Verteilung der bei der Umformung entstehenden Wärme in den gegenüber dem Werkstück sehr viel größeren Stauchstempeln ergaben sich bei dieser Meßanordnung unbefriedigende Ergebnisse. Neben der kurzen Umformdauer von ca. 0,5 s waren die zeitlichen Verzögerungen vom Auftreten der Maximalkraft bis zum Auftreten der gemessenen maximalen Temperatur so hoch, daß der Temperaturverlauf nicht dem Verlauf des Umformgrades zugeordnet

werden konnte. Rückschlüsse auf die Temperatur an der Oberfläche konnten so
nicht getroffen werden.

Folglich waren die Thermoelemente im Werkstück zu integrieren. Sie wurden
über stirnseitige Bohrungen an den quadratischen Werkstücken appliziert,
nämlich mittig im Werkstück, 1 mm unterhalb der Werkstückoberfläche sowie
auf einer der Seitenflächen des Werkstückes. Bild 22 zeigt Ergebnisse
dieser Messungen. Die höchste Temperatur stellt sich in der Werkzeugmitte,
die geringste 1 mm unterhalb der Oberfläche ein. Dieser Sachverhalt ergab
sich auch nach Berechnungen von Gerhardt beim Stauchen von Würfeln /133/.
Auf der Werkstückoberfläche liegt die Temperatur infolge Reibung um einige
Grad Celsius höher als 1 mm unterhalb der Oberfläche. Die im Werkstück
applizierten Thermoelemente führten zu vom Schmierstoff unabhängigen Temperaturen. Für Messungen mit Thermoelementen auf der Oberfläche ergaben sich
bei gleichen Versuchsparametern für verschiedene Mineralölschmierstoffe
bzw. für deren unterschiedliche Reibzahlen keine erkennbaren Unterschiede.
Ein Vergleich der Messung mit Thermoelementen im Werkstück bzw. Werkzeug
zeigt eine unbefriedigende Übereinstimmung und bestätigt den oben erläuterten Sachverhalt (Bild 22).

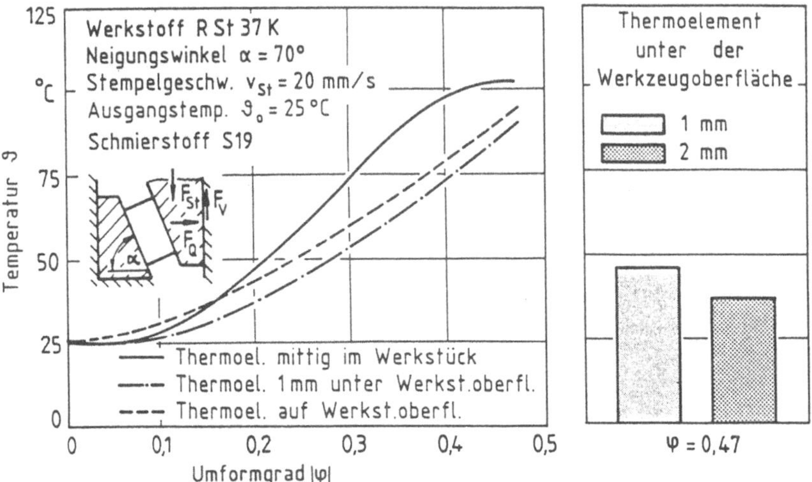

Bild 22: Vergleich von Temperaturmessungen im Werkzeug und Werkstück an
verschiedenen Meßorten.

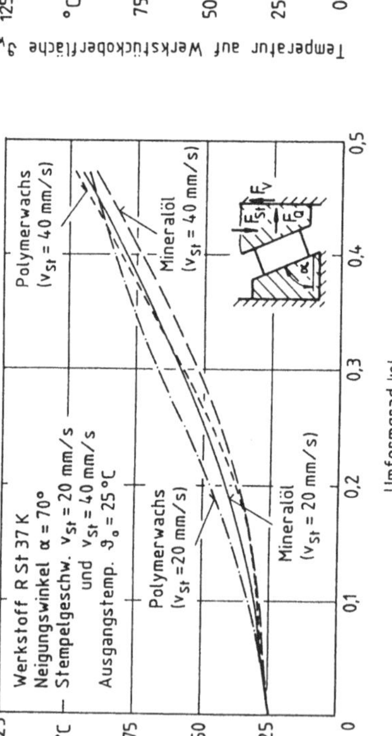

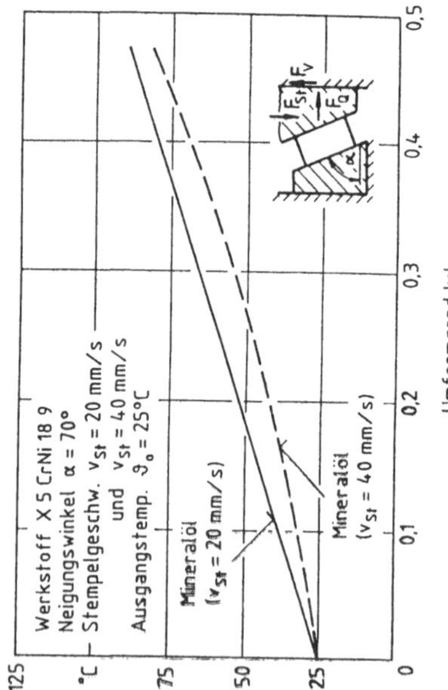

Bild 23: Temperaturen auf der Werkstückoberfläche für Mineralöle und Polymerwachse bei verschiedenen Umformgeschwindigkeiten.

Interessant ist insbesondere die Kenntnis der Temperatur in der Wirkfuge oder zumindest an einer Oberfläche der sich berührenden Körper. Daher wurden für weitere Temperaturmessungen die Thermoelemente auf der Werkstückoberfläche angebracht. Temperaturunterschiede ergaben sich bei einem Vergleich von Mineralölschmierstoffen und Polymerwachsen sowie für unterschiedliche Umformgeschwindigkeiten (Bild 23). Bei den übrigen Parametern konnte kein Einfluß beobachtet werden.

Beim Schrägstauchen führt ein Umformgrad von $\varphi = 0,47$ zu einer Temperaturerhöhung an der Werkstückoberfläche von etwa 70 °C. Unabhängig vom Neigungswinkel des Werkzeuges und der Umformgeschwindigkeit ist die Temperatur auf der Werkstückoberfläche für Mineralölschmierstoffe geringer als für Polymerwachse, obwohl für letztere die Reibzahl deutlich niedriger ist. Die Messung der Temperatur im Werkzeug ergab für Wachse geringere Temperaturen als bei den Mineralölen. Die auf das Werkstück aufgetragenen Polymerwachse wurden im ausgehärteten Zustand umgeformt. Dies läßt auf einen Isoliereffekt der Wachse schließen, sie verhindern offensichtlich zum Teil einen Temperaturübergang von Umform- und Reibwärme auf das Werkzeug und führen so gegenüber Mineralölen zu einer Temperaturerhöhung auf der Werkstückoberfläche und geringeren Temperaturen im Werkzeug.

Für einen Neigungswinkel von $\alpha = 80°$ ergeben sich für die Temperaturen der Wachse und Mineralöle bis in den Bereich mittlerer Umformgrade ähnliche Verläufe auf einem etwas höheren Temperaturniveau; zu hohen Umformgraden hin stellen sich für die Polymerwachse gegenüber Mineralölen wieder höhere Temperaturen ein. Eine Zunahme der Umformgeschwindigkeit führt zu einer Abnahme der Temperatur auf der Werkstückoberfläche. Neben der Verminderung der Reibzahl (vgl. Abschnitt 7.2.5) spielt hier auch eine aufgrund der kürzeren Umformdauer geringere Wärmeleitung von dem höheren Temperaturniveau in der Werkstückmitte auf die Werkstückoberfläche mit. Für den Werkstoff X 5 CrNi 18 9 ergibt sich ein dem R St 37 K ähnlicher Verlauf.

7 VERSUCHSERGEBNISSE

7.1 ZIEHDRÜCKEN

Wie vorausgehende Untersuchungen gezeigt haben, wirkt sich die Art der
Auftragung des Schmierstoffes (geprüft wurden Tupfen, Sprühen, Walzen und
Pinseln) auf die Probenoberfläche nicht auf die Reibzahl aus. Der überschüssige Schmierstoff wird beim Eintritt in die Werkzeugschulter von der
Probenoberfläche abgestreift, das dabei entstehende Schmierstoffdepot benetzt mögliche Flächen ungenügender Schmierfilmdicke. Dieser Effekt konnte
auch bei den auf der Werkstückoberfläche ausgehärteten Polymerwachsen
festgestellt werden.

Erste Versuche mit auf ca. 60 HRC gehärteten Ziehbacken ergaben insbesondere bei höheren Umformgraden adhäsiven Werkstoffübertrag. Durch die
Beschichtung der Aktivwerkzeuge mit einer Titancarbid- und Titannitrid-
schicht konnten diese Kaltverschweißungen verhindert werden.

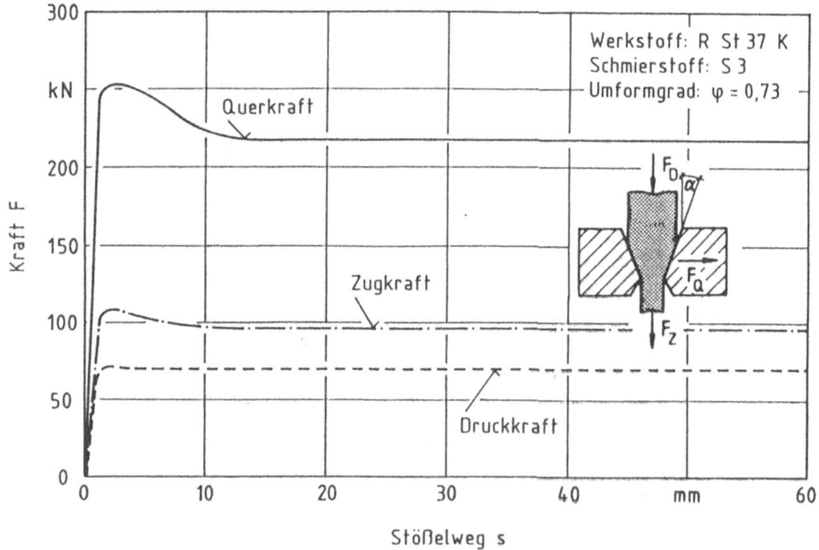

Bild 24: Kraft-Weg-Verläufe beim Ziehdrücken.

Für eine Berechnung von Reibzahl und Flächenpressung nach den Gleichungen
(1) und (2) ist die Kenntnis der Druckkraft F_D, Zugkraft F_Z und Querkraft

Fq notwendig. Die Druckkraft wird am Hydraulikaggregat vorgewählt, Zug- und Querkraft resultieren aus dem für den Umformvorgang notwendigen Kraftbedarf. Die Kräfte können aus dem Meßaufschrieb ermittelt werden. Bild 24 zeigt die Kraft-Weg-Verläufe der genannten Kräfte. Nach Überwindung der Haftreibung und der üblichen Anlaufcharakteristik ergeben die Kraft-Weg-Verläufe ein vom Stößelweg unabhängiges Verhalten. In Bild 19 sind zum Vergleich die Kraft-Zeit-Verläufe für den austenitischen Werkstoff dargestellt.

Die bei der Versuchsdurchführung maximal erreichbaren Umformgrade betrugen bei R St 37 K φ = 0,86 und bei X 5 CrNi 18 9 φ = 0,64. Größere Umformgrade führten zum Versagen von Werkstück (Knicken und/oder Reißen) oder Werkzeug (Beschädigung der Spanneinrichtung). Die im folgenden dargestellten Ergebnisse basieren, abhängig von der Reproduzierbarkeit, aus vier bis sechs durchgeführten Versuchen pro Schmierstoff und Umformgrad. Für den unlegierten Stahl wurden die Kennwerte bei fünf Umformgraden, für den austenitischen Stahl bei vier Umformgraden bestimmt. Insgesamt wurden ca. 1200 Versuche durchgeführt.

7.1.1 Einfluß der Additive auf die Reibzahl

7.1.1.1 Variation von Chlor-, Schwefel- und Phosphoradditiven

Bild 25 zeigt den Einfluß verschiedener Additive auf die Reibzahl mit zunehmendem Umformgrad. Werden dem Grundöl lediglich ein Fettöl zulegiert (S1), so stellt sich für kleine Umformgrade eine geringe Reibzahl ein, die bei höherer Belastung rasch ansteigt. Wird diesem Schmierstoff zusätzlich 20 % Chlorparaffin zulegiert, so ergibt sich für kleine Umformgrade eine höhere Reibzahl als für S1. Über den weiteren Bereich des Umformgrades stellen sich ähnliche Verhältnisse wie für S1 ein. Mögliche synergistische Effekte zwischen dem Fettstoff und dem Schwefel- und Phosphoradditiv bei S14 führen zu dem beobachteten Minimalwert der Reibzahl bei einem mittlerem Umformgrad. Für höhere Umformgrade deuten die zunächst ansteigenden Reibzahlen auf die Bildung von Sulfidschichten hin.

Die Schmierstoffe S3 und S15 sind mit Fettstoff, Chlor-, Schwefel- und Phosphoradditiven formuliert. S3 und S15 sind bis auf das Chlorparaffin identisch. S15 weist über den gesamten Umformbereich die geringste Reibzahl auf, S3 zeigt nur im Bereich von $\varphi \approx 0,3$ und $\varphi > 0,8$ ähnliche Werte. Die zehn bis dreizehn Kohlenstoffatome enthaltende Molekülkette des Hordaflex LC 60 in S15 ist wesentlich reaktiver, d.h. die Chlorwasserstoffabspaltung erfolgt eher als bei Hordalub 500 HT in S3 (die Kettenlänge beträgt hier vierzehn bis siebzehn Kohlenstoffatome). Dies hat auch synergistische Effekte auf das Schwefeladditiv, da abgespaltener Chlorwasserstoff dieses aktiviert.

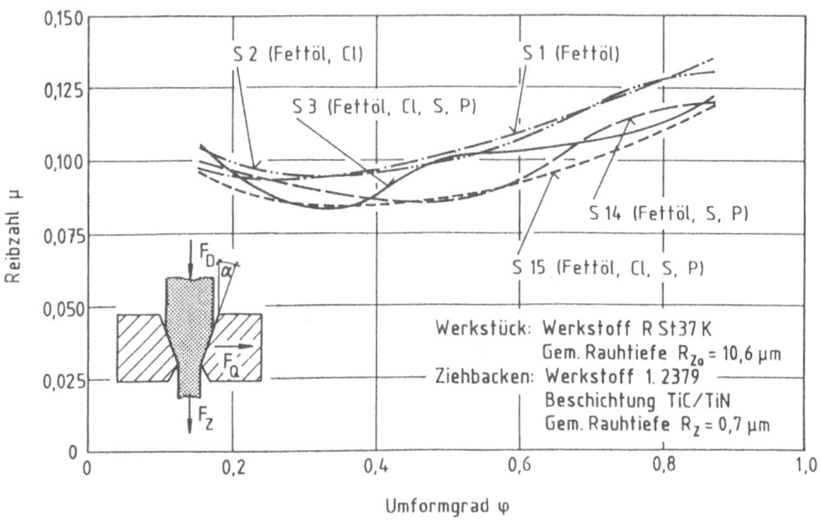

Bild 25: Einfluß von Chlor-, Schwefel- und Phosphoradditiven auf die Reibzahl für den Werkstoff R St 37 K.

Aufgrund der Ermittlung des Viskositäts-Druck-Temperaturverhaltens in Abschnitt 5.1 bietet sich ferner ein Vergleich der Schmierstoffe S3 und S14 an. Beim Ziehdrücken stellen sich beim Umformgrad $\varphi = 0,17$ mittlere Flächenpressungen von $p_m \approx 1000$ N/mm² für R St 37 K, bzw. $p_m \approx 1130$ N/mm² für X 5 CrNi 18 9 ein. In der Wirkfuge ergeben sich dabei Temperaturen von ca. 85 °C. Bei diesen Bedingungen liegt nach Bild 18 der Schmierstoff im Übergangsbereich vom festen zum flüssigen Aggregatzustand vor. Der höherlegierte, mit Chlorparaffin formulierte Schmierstoff S3 geht nach Bild 18 bereits bei geringeren Drücken in den festen Zustand über. Dieser Sachverhalt ist möglicherweise verantwortlich für die in den Bildern 25 und 26 beobachteten geringeren Reibzahlen beim minimalen Umformgrad von S14 gegenüber S3. Für Umformgrade $\varphi > 0,3$ stellen sich Umformtemperaturen von mehr als 100 °C ein; nach Bild 18 ergibt sich für diesen Temperaturbereich keine Phasenumwandlung in den festen Zustand mehr, die sich einstellenden Reibzahlen sind allein vom Grundöl und den Additiven abhängig.

Das Ergebnis der Prüfung dieser Öle mit X 5 CrNi 18 9 als Werkstückwerkstoff ist in Bild 26 dargestellt. S1 ergibt über dem gesamten Umformgrad das schlechteste Schmierverhalten. Gegenüber dem unlegierten Stahl (Bild 25) bringt hier der Zusatz von Chlorparaffin (S2) deutliche Vorteile. Fettstoff, Schwefel- und Phosphoradditiv in S14 zeigen ein gutes Reibverhalten für geringe Umformgrade, zu höheren Werten hin stellen sich sehr ungünstige Reibzahlen ein. Für hohe Umformgrade weisen die Schmierstoffe S3 und S15 die geringsten Werte auf. Bei einem Umformgrad von $\varphi > 0,6$ scheint das hochtemperaturstabilisierte Chlorparaffin in S3 aktiviert zu werden, so daß sich im Vergleich zum Chlorparaffin geringerer Stabilisierung bzw. höherer Reaktivität in S15 Reibzahlen ähnlicher Größenordnung ergeben.

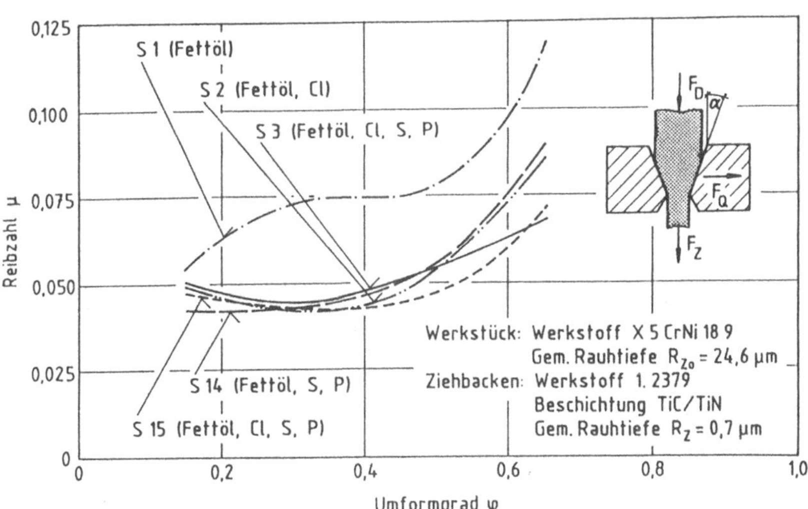

Bild 26: Einfluß von Chlor-, Schwefel- und Phosphoradditiven auf die Reibzahl für den Werkstoff X 5 CrNi 18 9.

Auffallend gegenüber Bild 25 ist in bei den in Bild 27 dargestellten chlorfreien Formulierungen zunächst das deutliche Reibzahlmaximum bei einem Umformgrad von $\varphi \approx 0,7$. Offensichtlich kann der Temperaturbereich der Wirksamkeit von Chlorparaffinen durch Schwefel- und Phosphoradditive nicht erreicht werden. Bei größeren Umformgraden werden die Schwefel- und

Phosphoradditive aktiviert und führen dann zu einer Abnahme der Reibzahl. Für den maximalen Umformgrad ergeben sich für den unlegierten Werkstoff sowohl für chlorfreie als auch chlorhaltige Schmierstoffe Reibzahlen im Bereich von $\mu \approx 0,125$.

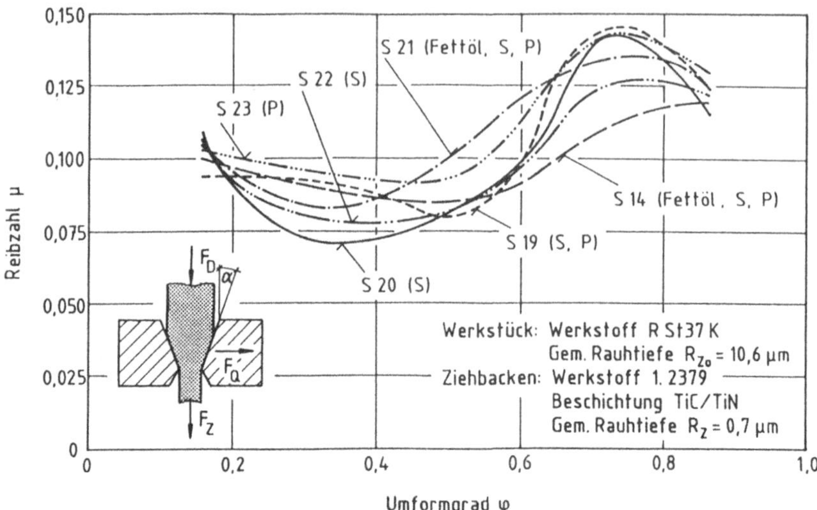

Bild 27: Einfluß von Schwefel- und Phosphoradditiven auf die Reibzahl für den Werkstoff R St 37 K.

Der nur Grundöl und Dialkyl-dithiophosphat enthaltende Schmierstoff S23 weist mit die höchste Reibzahl über dem gesamten Umformgrad auf (Bild 27). Dies bestätigt die Erfahrung aus der Literatur, wonach Phosphoradditive im Vergleich zu Schwefel- und Chloradditiven geringere EP/AW-Wirksamkeit zeigen /10, 134/. Die beiden mit Schwefeladditiven legierten Schmierstoffe S20 und S22 führen im Bereich bis zu mittleren Umformgraden zu vergleichsweise geringen Reibzahlen. Der geschwefelte Fettsäureester in S20 ergibt bis zu mittleren Umformgraden gegenüber dem Dialkylpentasulfid in S22 kleinere Reibzahlen. Zu höheren Belastungen hin kommt die höhere Aktivität der fünf Schwefelatome enthaltenden Schwefelkette des Dialkylpentasulfids durch eine Reibzahlminderung im Vergleich zu S20 zum Ausdruck.

Das aschefreie Phosphor-Schwefeladditiv in S19 ergibt bei einem mittleren Umformgrad eine minimale Reibzahl bei sonst ungünstigem Reibverhalten. Die mit Fettstoff, Schwefel- und Phosphoradditiven legierten Schmierstoffe S14 und S21 weisen bei geringem Umformgrad ähnliche Reibzahlen auf. Zu hohen

Umformgraden hin zeigt S14 wesentlich geringere Reibzahlen als S21. Hierfür ist weniger die Additivart entscheidend, als vielmehr der wesentlich höhere Additivgehalt in S14.

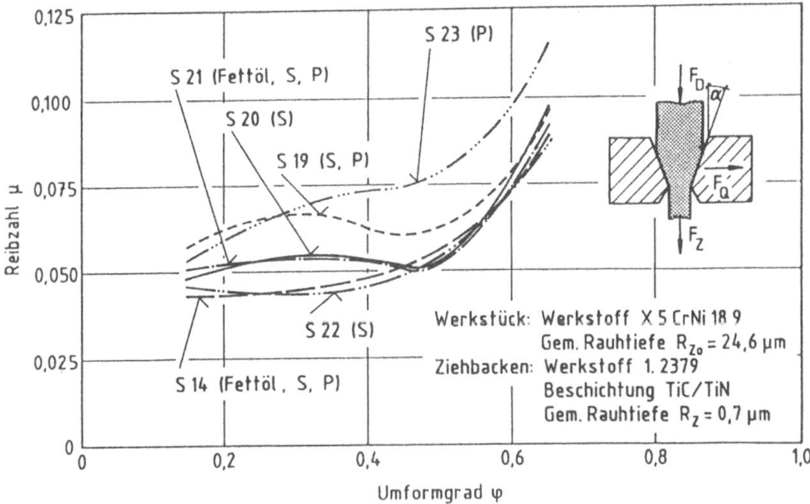

Bild 28: Einfluß von Schwefel- und Phosphoradditiven auf die Reibzahl für den Werkstoff X 5 CrNi 18 9.

Die Prüfung der Schmierstoffe mit austenitischem Stahl (Bild 28) liefert ähnliche Ergebnisse wie für unlegierten Stahl (Bild 27), allerdings auf einem niedrigeren Reibzahlniveau. S23 und S19 ergeben erneut die höchsten Reibzahlen, die niedrigsten Werte werden von S22 und S14 erzielt. Für Umformgrade bis φ ≈ 0,5 treten deutliche Unterschiede der einzelnen Schmierstoffe auf, die bei einer weiteren Zunahme des Umformgrades mit Ausnahme von S23 nahezu verschwinden. Inwieweit das für R St 37 K festgestellte Reibzahlmaximum beim Umformgrad von φ ≈ 0,7 bei X 5 CrNi 18 9 auftritt, konnte werkzeugbedingt nicht ermittelt werden. Einen Hinweis, daß bei diesem Werkstoff sich ein ähnliches Verhalten einstellen könnte, zeigt der Schmierstoff S19, der für beide Werkstoffe ein Minimum der Reibzahl bei einem Umformgrad von φ ≈ 0,5 hat, sowie die stark ansteigende Reibzahl für φ > 0,5.

7.1.1.2 Variation des Grundöles

Eine Prüfung des Einflusses des Grundöls auf die Reibzahl erlauben die
Schmierstoffe S3 und S17. Beide Schmierstoffe enthalten identische Additive
in gleicher Konzentration; bei S3 wurde als Grundöl Naphtenöl und bei S17
Paraffinöl verwendet.

Sowohl für den Stahl R St 37 K (Bild 29) als auch für X 5 CrNi 18 0 (Bild
30) zeigt das Paraffinöl für Umformgrade bis $\varphi = 0,6$ ein deutlich besseres
Reibverhalten, höhere Umformgrade bewirken gegenteilige Ergebnisse. Zwei
mögliche Gründe können hierfür angegeben werden: zunächst bewirkt die
geringe Viskosität von S17 die niedrige Reibzahl (vgl. Abschnitt 7.1.2).
Durch die beim Umformvorgang entstehende Wärme wird die Viskosität von S17
so gering, daß sie im Vergleich zum Schmierstoff S3 mit höherer Viskosität
zu höheren Reibzahlen führt. Diesem Sachverhalt überlagert ist die Tat-
sache, daß Paraffinöle völlig unpolar sind, Naphtenöle dagegen eine gewisse
Polarität aufweisen. Möglicherweise treten auch synergistische Effekte
zwischen Grundöl und Additiven auf.

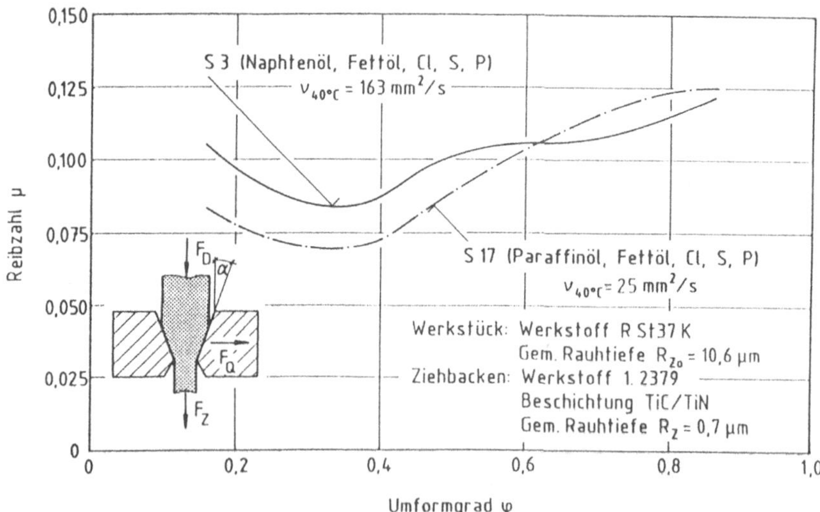

Bild 29: Einfluß des Grundöles auf die Reibzahl für den Werkstoff
R St 37 K.

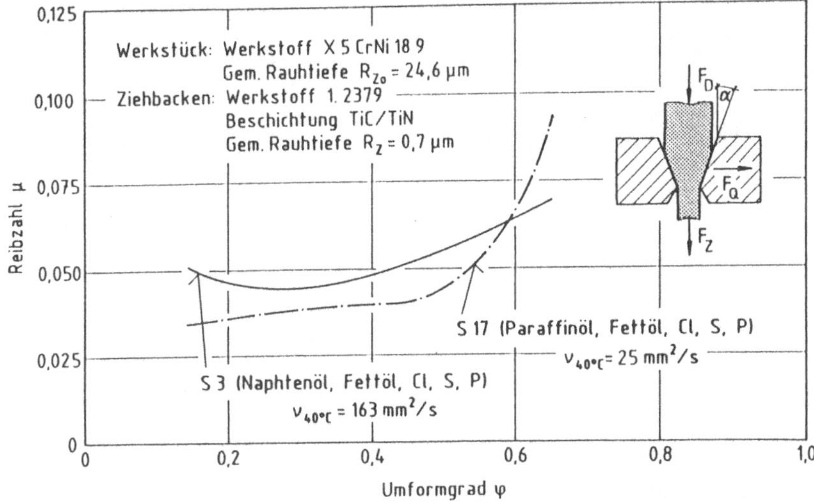

Bild 30: Einfluß des Grundöles auf die Reibzahl für den Werkstoff
X 5 CrNi 18 9.

7.1.1.3 Variation des Fettstoffes

Bei der Prüfung des Fettstoffeinflusses auf die Reibzahl können Oberflächenphänomene bzw. Wechselwirkungen auftreten, die eine klare Interpretation der Ergebnisse erschweren, da insbesondere die Polarität und die Möglichkeit der adsorptiven Anlagerung des Fettstoffes auf der Werkstückoberfläche in engem Zusammenhang mit der Werkstückrauhtiefe und dem Werkstückwerkstoff stehen können.

Die Schmierstoffe S1, S3, S11 und S18 erlauben Aussagen über die Wirksamkeit verschiedener Fettstofftypen. Bild 31 zeigt Ergebnisse für den Werkstoff R St 37 K. Bei einem Vergleich der Fettstoffe Glycerol-Trioleat im Schmierstoff S1 mit Trimethylolpropanester (TMP-Ester) in S18 zeigt der TMP-Ester geringere Reibzahlen als der Fettstoff in S1. Das bedeutet: TMP-Ester lagert sich gegenüber Glycerol-Trioleat an der Werkstückoberfläche in höherer Konzentration an oder die angelagerten Moleküle gewährleisten eine bessere Trennwirkung von Werkzeug und Werkstück.

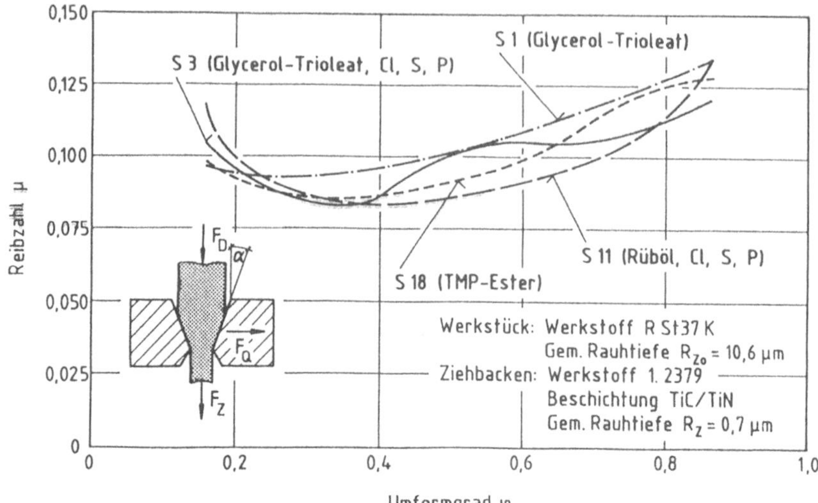

Bild 31: Einfluß des Fettstoffes auf die Reibzahl für den Werkstoff
R St 37 K.

Werden den Schmierstoffen außer dem Fettstoff noch Chlor-, Schwefel- und Phosphoradditive zulegiert (S3 und S11), so ist für kleine Umformgrade festzustellen, daß dieser hohe Additivgehalt zu erhöhten Reibzahlen führt. Bei geringen Belastungen ergibt Rüböl (S11) eine schlechtere Trennwirkung zwischen Werkzeug und Werkstück als Glycerol-Trioleat (S3). Für Umformgrade im mittleren Bereich bewirken offensichtlich synergistische Effekte zwischen dem Rüböl und den anderen Additiven in S11 eine gegenüber S3 geringere Reibzahl. Für große Formänderungen scheinen antagonistische Bedingungen aufzutreten, Rüböl behindert offensichtlich den Wirkungsmechanismus der Chlor-, Schwefel- und Phosphoradditive, während bei S3 die einsetzende Reaktionsschichtbildung zu geringeren Reibzahlen führt.

Die Prüfung des Einflusses von Fettstoffen liefert für X 5 CrNi 18 9 (Bild 32) deutlich andere Ergebnisse als die bei R St 37 K. Hohe Reibzahlen über dem gesamten Umformbereich und insbesondere bei maximalem Umformgrad zeugen für die nur Fettstoff enthaltenden Schmierstoffe S1 und S18 davon, daß sie für das Umformen von austenitischem Stahl überfordert sind. Diese Erkenntnis wird durch Literaturangaben bestätigt (Bild 5). Die Schmierstoffe S3 und S11 ergeben nahezu identische Verläufe der Reibzahl über dem Umformgrad.

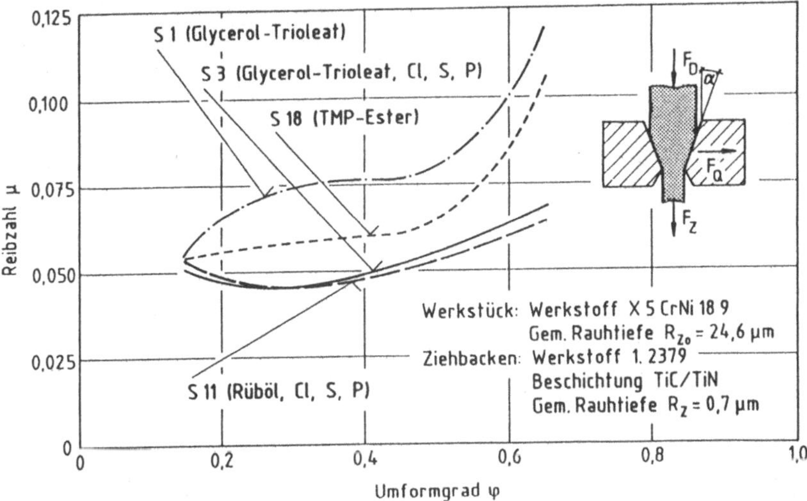

Bild 32: Einfluß des Fettstoffes auf die Reibzahl für den Werkstoff
X 5 CrNi 18 9.

7.1.1.4 Einsatz von Haftverbesserern

Gelegentlich wird eine bessere Haftung des Schmierstoffes auf der Werkstückoberfläche gefordert, insbesondere bei Umformverfahren, wo der
Schmierstoff beim Eintritt in die Umformzone teilweise abgestreift werden
könnte. In solchen Fällen werden den Schmierstoffen häufig Haftverbesserer
zugesetzt.

Eine deutliche Auswirkung des Chlorgehaltes auf die Reibzahl bei Umformgraden zwischen φ = 0,6 und φ = 0,8 ist aus Bild 33 ersichtlich. Wie bereits
in Bild 27 gezeigt wurde, weisen alle chlorfreien Schmierstoffe im Bereich
von φ ≈ 0,7 ein Reibzahlmaximum auf, das durch den Einsatz von Chlorparaffin vermieden werden kann.

Bei den Haftzusätzen Polybuten 200 in S16 bzw. Polyisobutylen auf Syntheseölbasis in S24 und S25 handelt es sich um Haftverbesserer mit ähnlichem
chemischen Aufbau. Ein Ersetzen von 10 % des Grundöles durch Polybuten 200
in S3 ergibt den Schmierstoff S16. Dieser zeigt bei R St 37 K (Bild 33) bis
zu mittleren Umformgraden einen höheren Reibzahlverlauf als S3, d.h. der
Zusatz von 10 % Haftverbesserer behindert die Wirksamkeit der Additive. Bei

höheren Formänderungen hat dieser Zusatz keinerlei Auswirkungen bezüglich einer Reibzahländerung. Beim Werkstoff X 5 CrNi 18 9 (Bild 34) bewirkt das Polybuten 200 für große Umformgrade eine Verschlechterung der Schmiereigenschaften. Dieser Haftverbesserer eignet sich in dieser Konzentration nicht dazu, die Reibzahl durch eine bessere Haftung des Schmierstoffes auf der Werkstückoberfläche zu senken.

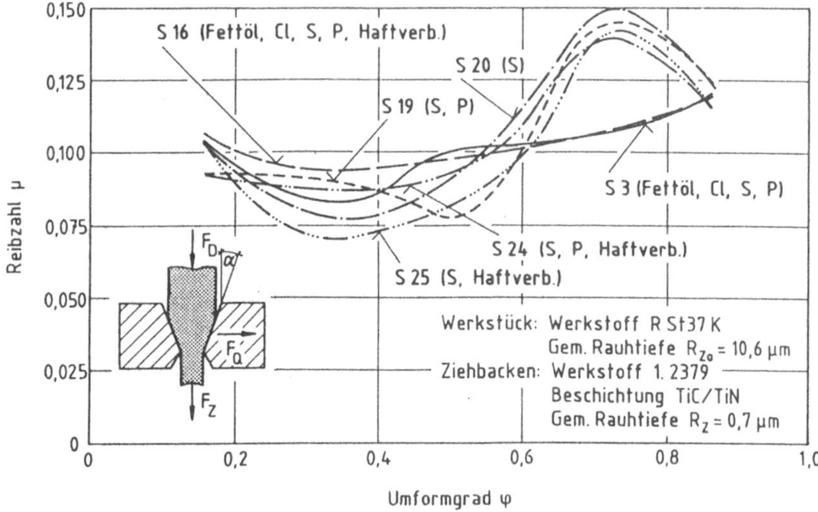

Bild 33: Einfluß von Haftverbesserern auf die Reibzahl für den Werkstoff R St 37 K.

Durch Zugabe von jeweils 0,5 % Haftverbesserer in Form von Polyisobutylen auf Syntheseölbasis zu den Schmierstoffen S19 und S20 ergeben sich die Schmierstoffe S24 und S25. In Bild 33 weisen S19 und S24 für kleine Umformgrade zunächst ähnliche Reibzahlen auf; bei mittlerem Umformgrad zeigt S19 ein Reibzahlminimum. S24 liegt hier wesentlich ungünstiger. Zu maximalen Formänderungen hin führt der mit Haftverbesserer versehene Schmierstoff S24 gegenüber S19 zu besseren Werten bezüglich der Reibzahl. Der Grund hierfür dürfte darin liegen, daß die bei diesem Umformgrad auftretenden Temperaturen zu einer starken Abnahme der Viskosität und damit zu einem örtlichen Abreißen des Schmierfilms auf der Werkstückoberfläche führen können, was sich durch Zugabe von Haftverbesserern offensichtlich vermindern läßt. Der nur Schwefeladditiv enthaltende Schmierstoff S20 kann den minimalen Reibzahlverlauf von S19 nicht aufweisen. Ansonsten ergibt ein Vergleich von S20 mit S25 für den Werkstoff R St 37 K dieselben Aussagen, wie sie für die Schmierstoffe S19 und S24 erhalten werden konnten.

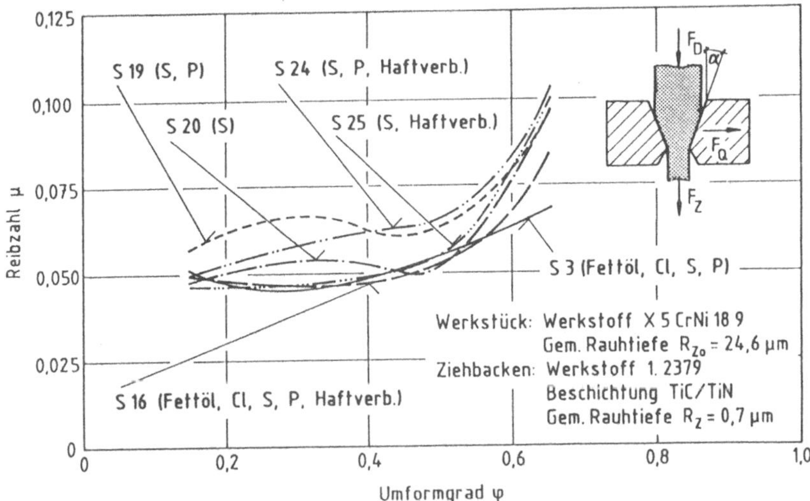

Bild 34: Einfluß von Haftverbesserern auf die Reibzahl für den Werkstoff
X 5 CrNi 18 9.

Ein Vergleich der Schmierstoffe S19 mit S24 bzw. S20 mit S25 für den
Werkstoff X 5 CrNi 18 9 (Bild 34) ergibt zunächst für einen Umformgrad bis
φ ≈ 0,4 ein deutlich besseres Reibzahlverhalten für die mit Haftverbesserer
additivierten Schmierstoffe. Bei größeren Umformgraden stellen sich dann
geringfügig schlechtere Reibzahlen für die mit Haftzusatz legierten
Schmierstoffe ein. Das läßt darauf schließen, daß im Vergleich zum
unlegierten Stahl der hohe Anteil an Legierungselementen im austenitischen
Stahl oder dessen hoher Wert der gemittelten Rauhtiefe für dieses Verhalten
verantwortlich gemacht werden kann.

7.1.2 Einfluß der Viskosität auf die Reibzahl

Die Schmierstoffe S3, S12 und S13 erlauben die Ermittlung des Einflusses
der Viskosität auf die sich einstellende Reibzahl. Die Schmierstoffe S3 und
S12 sind bis auf die Viskosität völlig identisch, beim Schmierstoff S13 ist
das naphtenische Grundöl durch ein paraffinisches ersetzt. Aufgrund der
vorliegenden Viskositätsdifferenzen ist der Einfluß der Viskosität sicher
bedeutender als der des Grundöls.

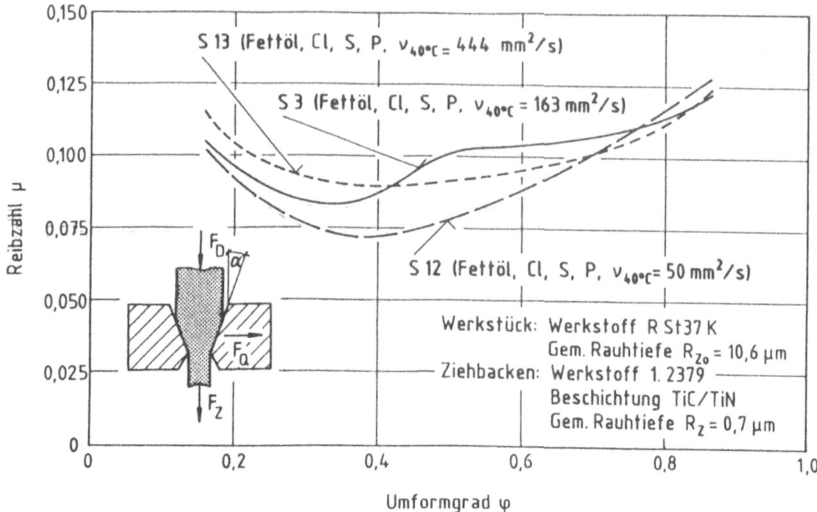

Bild 35: Einfluß der Viskosität auf die Reibzahl für den Werkstoff R St 37 K.

Für kleine Umformgrade ergibt sich in Bild 35 ein eindeutiger Verlauf, wonach eine Erhöhung der Schmierstoffviskosität zu einer Zunahme der Reibzahl führt. Bekannterweise bewirken niedrige Viskositäten eine gute Benetzbarkeit einer Oberfläche mit einer Flüssigkeit. Möglicherweise behindert auch eine erhöhte Viskosität den Transport der Additive an die Werkstückoberfläche, so daß dort ein Mangel an reibungssenkenden Zusätzen besteht. Offensichtlich steigt die Reibzahl für das Mineralöl mit der niedrigsten Viskosität mit zunehmendem Umformgrad überproportional an. Dies kann mit dem gegenüber den Schmierstoffen S3 (VI = 96) und S13 (VI = 106) deutlich niedrigeren Viskositätsindex von VI = 66 in S12 begründet werden. Eine Interpretation der Kurvenverläufe der Schmierstoffe S3 und S13 läßt keine Gesetzmäßigkeiten erkennen.

Für den austenitischen Stahl ergibt sich in Bild 36 tendenziell für den geringsten Umformgrad derselbe Reibzahlverlauf für die unterschiedlichen Viskositäten, wie er sich beim unlegierten Stahl eingestellt hat. Darüberhinaus ist kein Zusammenhang zwischen Reibzahl und Viskosität zu erkennen. Die drei geprüften Viskositäten haben nahezu identische Verläufe, mit Ausnahme der etwas höheren Reibzahl beim maximalen Umformgrad für den Schmierstoff S13 mit der höchsten Viskosität. Wie bereits in Bild 30 festgestellt werden konnte, läßt sich dieser Sachverhalt auf das in diesem Schmierstoff enthaltene paraffinische Grundöl zurückführen.

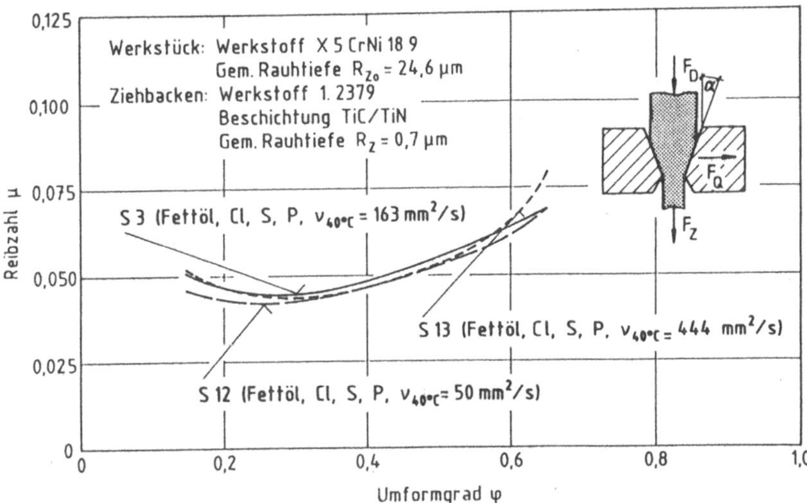

Bild 36: Einfluß der Viskosität auf die Reibzahl für den Werkstoff X 5 CrNi 18 9.

Gegenüber Bild 35 ist die Reibzahl in Bild 36 nahezu unabhängig von der Viskosität. Hierfür ist die hohe gemittelte Rauhtiefe Rz der Oberfläche des austenitischen Werkstoffes verantwortlich. Demzufolge nehmen die Schmierstofftaschen mehr Mineralöl auf, insgesamt gelangt also mehr Schmierstoff in die Umformzone. Hieraus wiederum kann gefolgert werden, daß eine ausreichende Sättigung des Schmierstoffes auf der Probenoberfläche zu von der Viskosität unabhängigen Reibzahlen führt.

7.1.3 **Reibzahl von Wachsen und sonstigen Schmierstoffen**

Die Zusammensetzung der in den vorangegangenen Abschnitten beschriebenen Schmierstoffe war genau bekannt. Zu Vergleichszwecken wurden zwei handelsübliche Mineralölschmierstoffe, zwei Polymerwachse sowie Seife und Molybdändisulfid auf Phosphatschicht geprüft.

Der Schmierstoff S5 (bekannte Kennwerte in Tabelle 4) ist ein chlorfreies Mineralölprodukt. Die Viskosität bei 40 °C ist mit 170 mm²/s nahe an der

Viskosität von ca. 160 mm²/s der Modellschmierstoffe. Im Vergleich zu den chlorfreien Modellschmierstoffen in Bild 27 ist zunächst das Fehlen des Reibzahlmaximums beim Umformgrad $\varphi = 0,7$ zu bemerken (Bild 37). Die verwendeten Additive decken folglich den Wirkungsbereich, in welchem üblicherweise Chloradditive ansprechen, ab. Für Umformgrade bis zu mittleren Werten weist der Schmierstoff S5 gegenüber den Modellschmierstoffen höhere Reibzahlen auf. Dies läßt darauf schließen, daß die zulegierten Additive erst bei höheren Belastungen ansprechen.

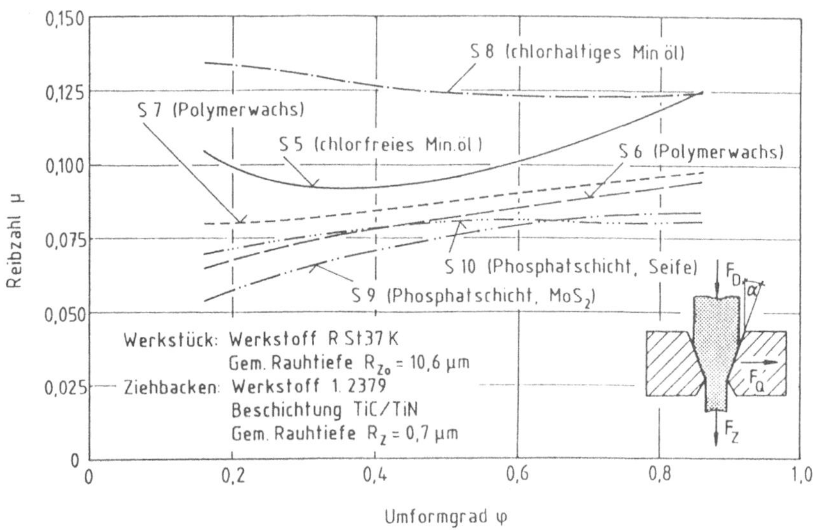

Bild 37: Reibzahlen für Wachse und sonstige Schmierstoffe für den Werkstoff
R St 37 K.

Dem Schmierstoff S8 sind 55 % Chlorparaffin zulegiert, die Viskosität bei 40 °C ist um den Faktor 10 höher als die der Modellschmierstoffe. Nach Bild 35 dürfte diese hohe Viskosität für das sehr hohe Reibzahlniveau von S8 in Bild 37 verantwortlich sein. Der bei allen geprüften Schmierstoffen festgestellte Anstieg der Reibzahl ab mittleren Umformgraden findet hier nicht statt. Bei der höchsten Belastung stellen sich für S8 Reibzahlen ein, wie sie neben S5 auch in etwa für die sonstigen geprüften chlorhaltigen Schmierstoffe erzielt wurden.

Die geprüften Polymerwachse S6 und S7 (bekannte Analysedaten in Tabelle 3) führen zu wesentlich geringeren Reibzahlen als sie mit Mineralölen erreicht werden. Für R St 37 K in Bild 37 zeigt S6 dabei ein besseres Verhalten als S7, das bedeutet: eine Verseifung mit Triethanolamin in S6 führt zu besseren Ergebnissen als alkaliverseiftes Polymerwachs (S7).

Seife und Molybdändisulfid auf einer Phosphatschicht werden häufig beim Kaltumformen von Stahl eingesetzt und sind für ihre geringen Reibzahlen bekannt. Auch in Bild 37 haben die Versuche für diese beiden Festschmierstoffe die geringsten Reibzahlen ergeben. Bis zum Umformgrad $\varphi = 0,6$ zeigt das Molybdändisulfid (S9) ein besseres Ansprechverhalten, hier bewirkt vermutlich der freigesetzte Schwefel eine Minderung der Reibzahl gegenüber der Seife. Für große Umformgrade weist die Seifenschicht ein geringfügig besseres Reibverhalten auf.

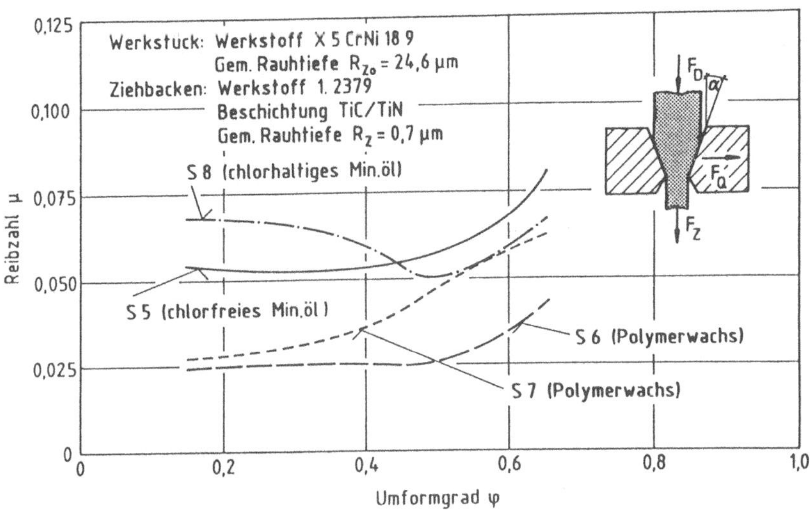

Bild 38: Reibzahlen für Wachse und sonstige Schmierstoffe für den Werkstoff X 5 CrNi 18 9.

Das chlorfreie Produkt S5 zeigt in Bild 38 bei zunehmender Belastung einen starken Anstieg der Reibzahl, wie er auch in Bild 28 zu erkennen ist. Für den austenitischen Stahl bringt der Schmierstoff S5 keine Verbesserung gegenüber den Modellschmierstoffen. Beim Schmierstoff S8 bedingen die sehr hohe Viskosität und/oder die Additivierung bei geringen Umformgraden den Reibzahlverlauf auf hohem Niveau. Ab einem Umformgrad $\varphi \approx 0,5$ entspricht das Verhalten von S8 in Bild 38 bezüglich der Reibzahl in etwa den Schmierstoffen S3 und S15 in Bild 26.

Auch bei austenitischem Stahl ergeben die Polymerwachse sehr geringe Reibzahlen. Insbesondere das Polymerwachs S6 zeigt einen nahezu linearen Verlauf der Reibzahl, die sich erst ab $\varphi \approx 0,5$ erhöht. Ab diesem Umformgrad bewegt sich das alkaliverseifte Polymerwachs (S7) bereits im Reibzahlbereich gechlorter Mineralölschmierstoffe.

7.1.4 Einfluß der gemittelten Rauhtiefe auf die Reibzahl

Bei den in Abschnitt 7.1 vorgestellten Ergebnissen wurden die beiden Werkstoffe R St 37 K und X 5 CrNi 18 9 mit fertigungsbedingt unterschiedlichen gemittelten Rauhtiefen geprüft. Auffällig war jeweils die niedrigere Reibzahl des austenitischen Stahles gegenüber dem unlegierten Stahl. Es wurde ein Zusammenhang von Reibzahl und gemittelter Rauhtiefe vermutet.

Der Werkstoff X 5 CrNi 18 9 weist im Anlieferungszustand eine gemittelte Rauhtiefe von R_z = 24,6 μm auf. Zur Prüfung des Einflusses der Rauhtiefe auf die Reibzahl wurde er auf gemittelte Rauhtiefen von R_z = 13,1 μm und R_z = 9,5 μm geschliffen und für derart präparierte Werkstücke die Reibzahl mit dem Schmierstoff S15 durch Ziehdrücken ermittelt.

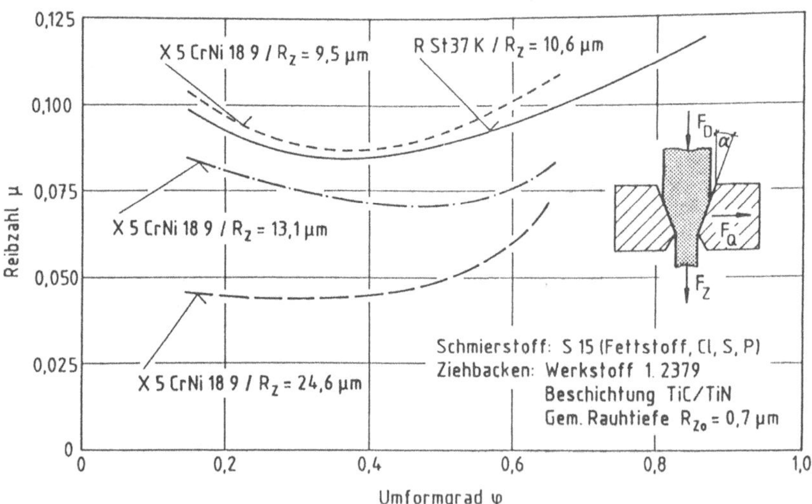

Bild 39: Abhängigkeit von Reibzahl und Umformgrad von der gemittelten Rauhtiefe.

Für die untersuchten Rauhtiefen stellt sich ein eindeutiger Zusammenhang dar, wonach werkstoffunabhängig eine Abnahme der gemittelten Rauhtiefe zu einer Zunahme der Reibzahl führt (Bild 39). Ein Vergleich von austeniti- schem und unlegiertem Stahl ergibt für ähnliche Rauhtiefen ähnliche Reibzahlverläufe. Der austenitische Stahl weist für hohe Umformgrade, unabhängig von der Rauhtiefe, einen gegenüber R St 37 K relativ höheren Anstieg der Reibzahl auf.

Der erläuterte Sachverhalt deckt sich mit Ergebnissen, wie sie in /135, 136/ erhalten wurden. Ursache für dieses Verhalten ist im wesentlichen der Anteil der hydrodynamischen Reibung. Eine Zunahme der Oberflächenrauheit führt zu einer Abnahme der Misch- und Grenzreibung.

7.1.5 Abhängigkeit der Flächenpressung vom Umformgrad

Der Quotient von der auf die Werkzeugschulter gerichteten Normalkraft und von der Berührfläche Werkzeug/Werkstück ergibt die mittlere Flächenpres- sung. Sowohl die Normalkraft als auch die Berührfläche nehmen mit steigen- dem Umformgrad zu. Die mittlere Flächenpressung läßt sich nach Gleichung (2) als Funktion dieser beiden Werte berechnen. Dabei ergibt sich die in Bild 40 dargestellte Abhängigkeit der mittleren Flächenpressung vom Umformgrad.

Für die untersuchten Schmierstoffe lagen die Werte der Flächenpressung in einem engen Wertebereich, eine Abhängigkeit vom Schmierstoff bzw. dessen Additiven oder Viskosität konnte nicht festgestellt werden. In Bild 40 sind für die beiden untersuchten Werkstoffe die gemittelten Werte sowie die Minimal- und Maximalwerte eingezeichnet, die sich beim jeweiligen Umform- grad ergaben. Die Abhängigkeit der Flächenpressung vom Umformgrad wird durch einen hyperbolischen (für den Werkstoff X 5 CrNi 18 9) bzw. parabolischen (für den Werkstoff R St 37 K) Kurvenverlauf gekennzeichnet. Ein ähnlicher Sachverhalt wurde auch in /136/ festgestellt. Bei kleinen Umformgraden ergeben sich die höchsten mittleren Flächenpressungen in der Wirkfuge. Mit zunehmender Querschnittsabnahme der Werkstücke nimmt die Flächenpressung für beide Werkstoffe ab und erreicht für den unlegierten Stahl bei einem Umformgrad von $\varphi \approx 0{,}7$ ein Minimum. Für höhere Umformgrade steigt die mittlere Flächenpressung für R St 37 K wieder deutlich an.

Der beschriebene Kurvenverlauf wird dadurch erklärt, daß die Rauheit der

Werkstücke bei kleinen Umformgraden noch relativ groß ist, d.h. die mit
Schmierstoff gefüllten Rauheitstäler werden bei der Umformung verschlossen,
so daß dort die Bildung hydrodynamischer bzw. hydrostatischer Druckräume
begünstigt wird /38/. Die Oberflächenrauheit des Werkstückes glättet sich
mit zunehmender Umformung stetig ein, der hydrodynamische bzw. hydrosta-
tische Druckanteil und damit die mittlere Flächenpressung nehmen ab. Mit
größerer Umformung erhöht sich der Anteil der Grenzreibung und führt zu
höheren mittleren Flächenpressungen.

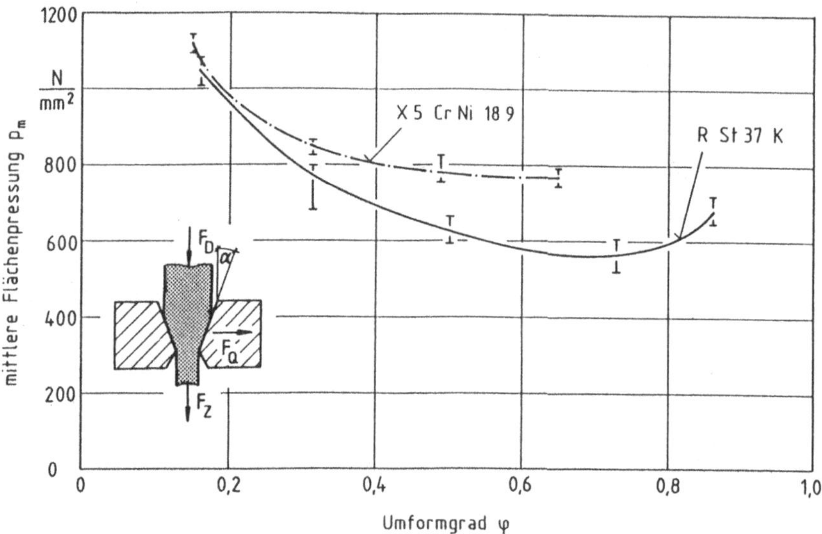

Bild 40: Abhängigkeit der Flächenpressung vom Umformgrad.

7.1.6   Oberflächenanalytik

7.1.6.1 Ermittlung von Oberflächenkenngrößen

Neben der Reibzahl als Kriterium für die Beurteilung eines Schmierstoffes
werden häufig auch Oberflächenkenngrößen herangezogen. Aus der Vielzahl der
in DIN 4762 und DIN 4768 genormten Kennzahlen wurde für die Darstellung die
gemittelte Rauhtiefe R_z ausgewählt; andere Kennzahlen wie der Mittenrauhwert R_a oder die gemittelte Glättungstiefe R_{pm} führten zu ähnlichen
Aussagen, wie exemplarische Messungen gezeigt haben. Die gemittelte Rauhtiefe R_z ergibt sich aus dem Mittelwert der Einzelrauhtiefen von fünf

aufeinanderfolgenden Einzelmeßstrecken im Rauheitsprofil. Sie wurde mit einem mikroprozessorgesteuerten Meß- und Auswertegerät vom Typ Hommel Tester T 20 S ermittelt. Dieses Gerät arbeitet nach dem Tastschnittverfahren und erlaubt mit Hilfe eines implementierten Statistikprogrammes die schnelle Verarbeitung der Einzelmeßwerte zu Mittelwerten und deren Standardabweichung. Bei den durchgeführten Messungen wurden die Größen Taststrecke (s_t = 4,8 mm) und Tastgeschwindigkeit (v_t = 0,5 mm/s) vorgewählt. Die in den Bildern 41 und 42 aufgetragenen Werte sind Mittelwerte aus fünf Messungen je Probenoberfläche.

Für einige ausgewählte Schmierstoffe ist in den Bildern 41 und 42 die gemittelte Rauhtiefe R_z für verschiedene Umformgrade aufgezeichnet. Der Werkstoff R St 37 K in Bild 41 weist bei allen Schmierstoffen mit steigendem Umformgrad eine abnehmende gemittelte Rauhtiefe auf, die Werkstückoberfläche wird also zunehmend eingeebnet. Dieser Sachverhalt ergibt sich prinzipiell, allerdings weniger deutlich ausgeprägt, auch für den austenitischen Werkstoff in Bild 42. Infolge der größeren Ausgangsrauhtiefe von X 5 CrNi 18 9 gegenüber R St 37 K liegt der erstgenannte Werkstoff bei den umgeformten Proben auf einem durchweg höheren Rauheitsniveau.

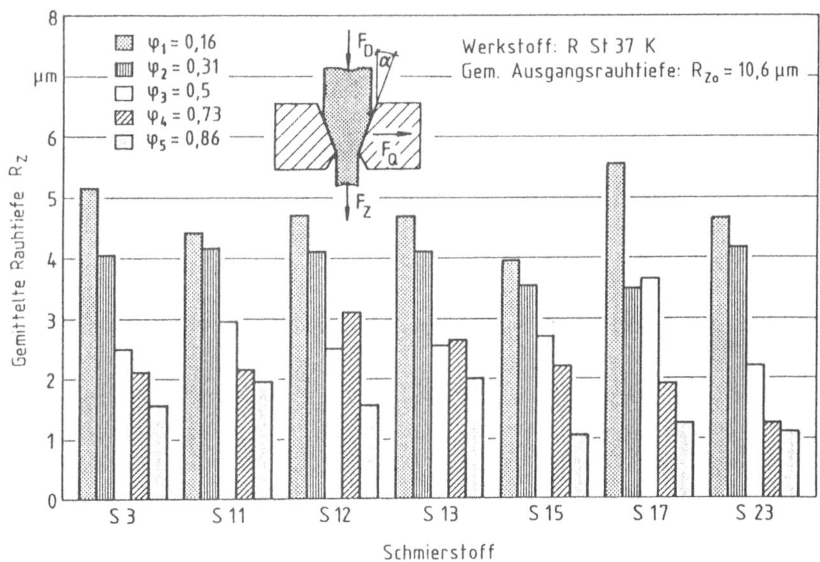

Bild 41: Einfluß von Schmierstoff und Umformgrad auf die Rauheitsänderung für den Werkstoff R St 37 K.

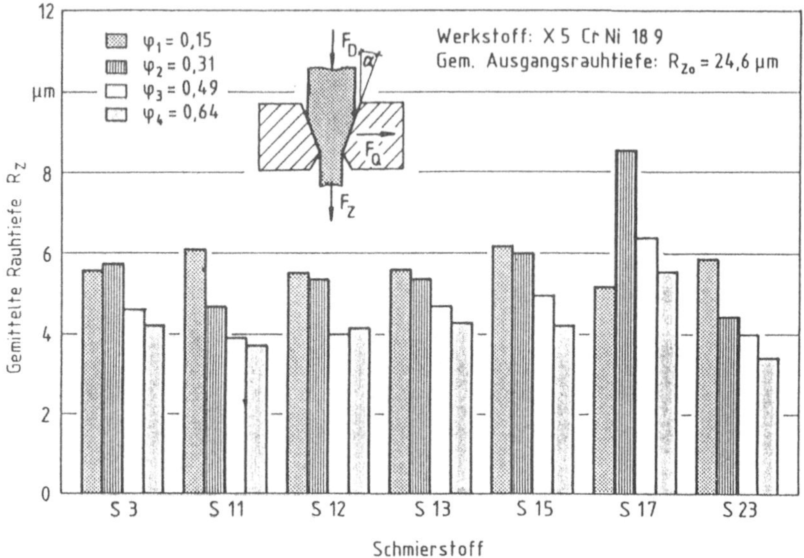

Bild 42: Einfluß von Schmierstoff und Umformgrad auf die Rauheitsänderung
für den Werkstoff X 5 CrNi 18 9.

Für die in den Bildern 41 und 42 aufgezeichneten Rauhtiefen ist kein
Zusammenhang zu den im Abschnitt 7.1.1 dargestellten Verläufen der Reibzahl
zu erkennen. Ein Einfluß der Viskosität auf die Rauhtiefe ist anhand der
Schmierstoffe S3, S12 und S13 ebenso wie ein Einfluß des Fettstoffes
(Schmierstoffe S3 und S11) auf die Rauhtiefe über dem gesamten Umformbe-
reich nicht feststellbar. Der Einfluß verschiedener Chloradditive auf die
Rauhtiefe kann mittels der Schmierstoffe S3 und S15 ebenfalls nicht nachge-
wiesen werden.

Die Verwendung von Profil-Senkrechtmaßen zur Beschreibung der Werkstück-
oberfläche führt im vorliegenden Fall zu wenig differenzierbaren Erkenntnissen. Sinnvoller erscheint hier eine dreidimensionale Erfassung der
Oberflächentopographie z. B. durch Bestimmung des Flächentraganteiles t_a.
In Anlehnung an /92/ ist der Flächentraganteil das in Prozent ausgedrückte
Verhältnis der Summe aller tragenden Flächen zur betrachteten Gesamtfläche.
Auf diese Weise können Ausbildung und Häufigkeitsverteilung der Gleitflächen als Funktion von Werkstoff, Umformgrad und anderen Parametern erfaßt
werden.

Zur Erfassung des Flächentraganteiles wurde ein vollautomatisches, quantitatives Bildanalysegerät vom Typ Quantimet 970 eingesetzt (Bild 43). Das Bildanalysegerät ist mit einem Zeiss-Mikroskop mit integrierter, hochauflösender Videokamera gekoppelt. Ein Monitor bildet die Projektion des Auflichtmikroskopes ab, ein zweiter zeigt das über den Prozeßrechner digitalisierte Bild. Die Ergebnisse können auf einem Drucker ausgeplottet werden. Die vorhandene Software wurde zur Ermittlung des Flächentraganteiles für die vorliegenden Werkstoffe und Oberflächenzustände modifiziert. Die analysierte Feldgröße betrug 1 mm x 0,16 mm. Insgesamt wurden 60 aneinander grenzende Felder mit Hilfe eines vollautomatischen, servogesteuerten Tisches angesteuert und ausgewertet, d.h. die insgesamt analysierte Fläche betrug 9,6 mm². Das Bildanalysegerät kann zwischen 64 Grautönen unterscheiden. Um reproduzierbare Ergebnisse zu erzielen, muß der gewählte Grautonbereich konstant gehalten werden, da sonst Schwankungen in den Meßergebnissen auftreten. Das Programmlisting enthält eine Zusammenstellung vom gemessenen Volumenanteil, Mittelwert und Standardabweichung, sowie den Flächentraganteil der einzelnen Meßfelder aufgetragen in Histogrammform.

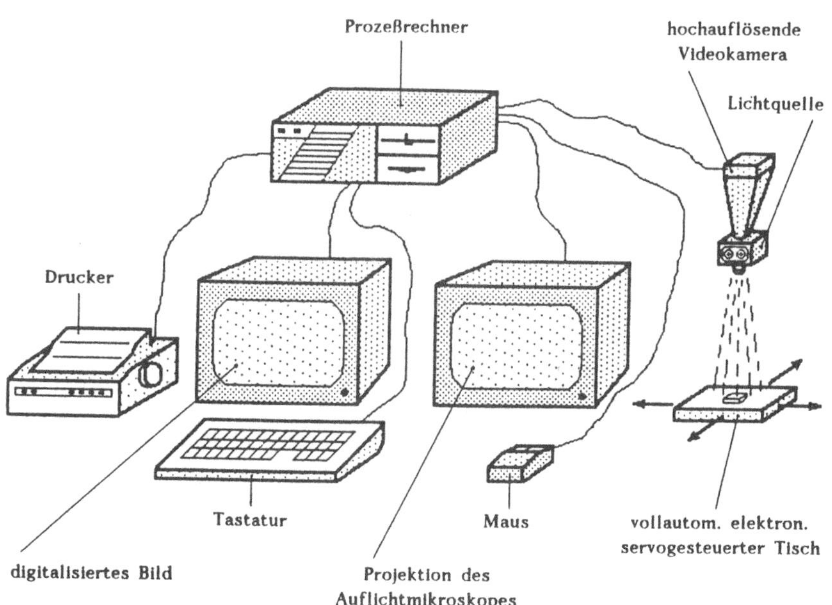

Bild 43: Bildanalysesystem zur Erfassung des Flächentraganteiles.

Die Ermittlung des Flächentraganteiles t_a erfolgte bei fünf Schmierstoffen für die Werkstoffe R St 37 K (Bild 44) und X 5 CrNi 18 9 (Bild 45).

Für den kleinsten geprüften Umformgrad stellen sich, ausgehend vom ursprünglichen Flächentraganteil t_{ao} = 45 %, vom Schmierstoff im wesentlichen unabhängige Werte von $t_a \approx$ 64 % ein. Zu erwarten wäre mit zunehmendem Umformgrad ein Einebnen der Werkstückoberfläche und damit ein Ansteigen des Flächentraganteils. Für φ = 0,31 ergibt jedoch der Flächentraganteil, nur unbedeutend vom Schmierstoff abhängig, einen mittleren Wert von $t_a \approx$ 50 %. Da bei diesem Umformgrad für jeden Schmierstoff auch die Reibzahlen ihren minimalen Wert aufweisen, müssen im System Werkzeug/Werkstück optimale Verhältnisse vorherrschen. Die vorliegende mittlere Flächenpressung dieser Werkzeug-Werkstückkombination führt ebenso wie das Schmierstoffverhalten bezüglich der Trennwirkung der Additive und dem Aufbau großer hydrodynamischer Traganteile zu diesem Verhalten.

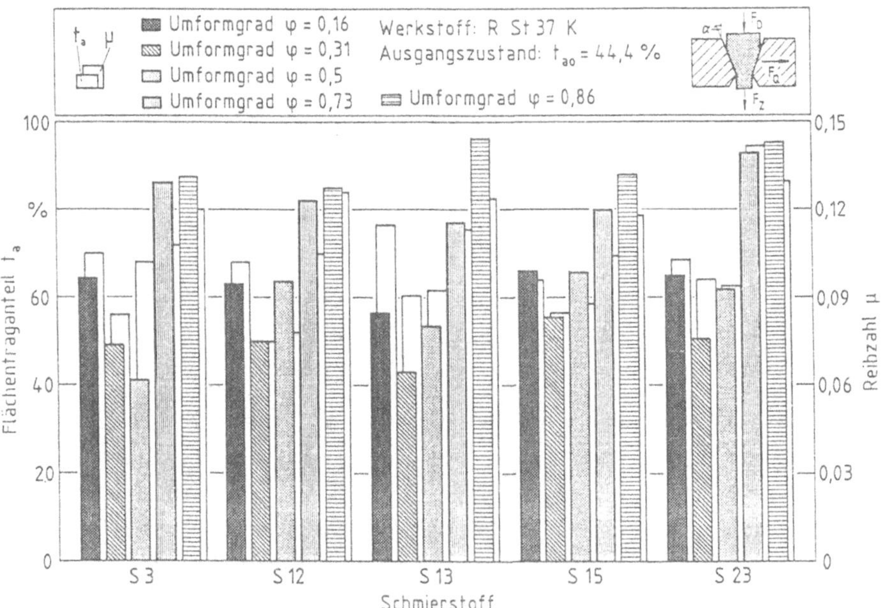

Bild 44: Abhängigkeit des Flächentraganteiles von der Reibzahl für den Werkstoff R St 37 K.

Für Umformgrade $\varphi \geq$ 0,5 nimmt dann der Flächentraganteil stetig zu, d.h. der

Reibungszustand geht allmählich vom Zustand der Mischreibung in den Zustand der Grenzreibung, charakterisiert durch eine zunehmende Einebnung, über. Für diese Umformgrade stellt sich auch eine Abhängigkeit des Flächentraganteils vom Schmierstoff ein. Ein Vergleich des Flächentraganteiles und der Reibzahl für die einzelnen Schmierstoffe in Bild 44 zeigt eine Abnahme des Flächentraganteiles bei einer Reibzahlerhöhung. Bei einer konstanten Kraft tritt für einen kleinen Flächentraganteil an den Grenzflächen von Werkzeug und Werkstück eine höhere Flächenpressung auf, welche zu höheren örtlichen Belastungen und ·somit Reibzahlen führt. Die Summe von hydrodynamischer Reibung und Grenzreibung ergibt damit bei kleineren Flächentraganteilen höhere Reibzahlen. Eine Ausnahme hiervon bildet lediglich der Schmierstoff S23 beim Umformgrad $\varphi = 0{,}73$; die sehr hohe Reibzahl bewirkt eine starke Einebnung der Oberfläche mit einem Flächentraganteil von $t_a = 93$ %, d.h. der Reibungszustand befindet sich hier ganz offensichtlich im Gebiet der Grenzreibung.

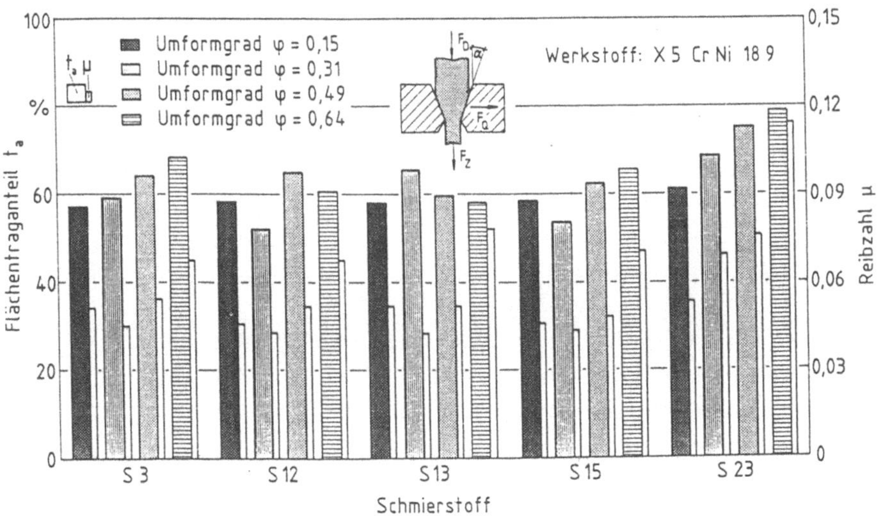

Bild 45: Abhängigkeit des Flächentraganteiles von der Reibzahl für den Werkstoff X 5 CrNi 18 9.

Der Viskositätseinfluß läßt sich an den Kurven für die Schmierstoffe S3, S12 und S13 ablesen. Wie bereits in Bild 35 festgestellt, zeigt auch der Flächentraganteil als Funktion der Viskosität lediglich bis zum Umformgrad $\varphi \approx 0{,}31$ einen erkennbaren Unterschied: eine Viskositätserhöhung ergibt eine Verminderung des Flächentraganteiles; das bedeutet, eine hohe Viskosität vermag Werkzeug und Werkstück besser zu trennen. Nach Bild 20 a beträgt die Temperatur bei diesem Umformgrad ca. 100 °C. Wie Bild 18 zeigt liegt bei dieser Temperatur und dem in der Wirkfuge herrschenden Druck der Mineralölschmierstoff gerade im Übergang des Aggregatzustandes von der festen in die flüssige Form vor. Hieraus kann gefolgert werden, daß für die Ausbildung des Flächentraganteils neben dem Druck auch die Temperatur maßgeblich beteiligt ist. Für Umformgrade $\varphi > 0,31$ sind keine Gesetzmäßigkeiten mehr erkennbar, der Schmierstoff liegt bei diesen Temperaturen im flüssigen Aggregatzustand vor.

Im Vergleich zum unlegierten Stahl in Bild 44 zeigt der austenitische Werkstoff in Bild 45 aufgrund seiner wesentlich höheren Ausgangsrauhtiefe einen geringeren Flächentraganteil. Aufgrund der großen Rauheit der Oberfläche konnte der Flächentraganteil für den Ausgangszustand des austenitischen Stahles nicht ermittelt werden. Die Differenzen zwischen den einzelnen Umformgraden und Schmierstoffen sind ebenfalls geringer. Prinzipiell ist zu erkennen, daß eine Zunahme des Umformgrades eine Erhöhung des Flächentraganteiles bewirkt. Eine Auswirkung der Reibzahl oder der Schmierstoffadditive kann nicht festgestellt werden. Ausgenommen hiervon ist S23, dessen hohe Reibzahl bedingt durch den geringen Additivgehalt (enthält nur 5 % Phosphoradditiv) im Vergleich zu den übrigen Schmierstoffen zu einem deutlich höheren Flächentraganteil führt. Eine Variation der Viskosität mit Hilfe der Schmierstoffe S3, S12 und S13 läßt wie bereits in Bild 36 keine Gesetzmäßigkeiten erkennen.

Für einen Schmierstoff, der zu einer niedrigen Reibzahl führt (S15), sowie einen Schmierstoff, der eine höhere Reibzahl bewirkt (S23), sind in Bild 46 für verschiedene Umformgrade REM-Aufnahmen dargestellt. Bild 46 zeigt für beide Schmierstoffe für die Umformgrade $\varphi = 0,17$ und $\varphi = 0,31$ eine zerklüftete Oberflächenstruktur. Aus den wenigen, relativ großen Tälern der Ausgangsoberfläche entstehen bei diesen Umformgraden viele kleine Vertiefungen. Für den Umformgrad $\varphi = 0,31$ zeigen die Aufnahmen eine geringere Einglättung als bei den übrigen Umformgraden. Dieser Sachverhalt deckt sich mit den aus den Flächentraganteilen in Bild 44 gefundenen Erkenntnissen.

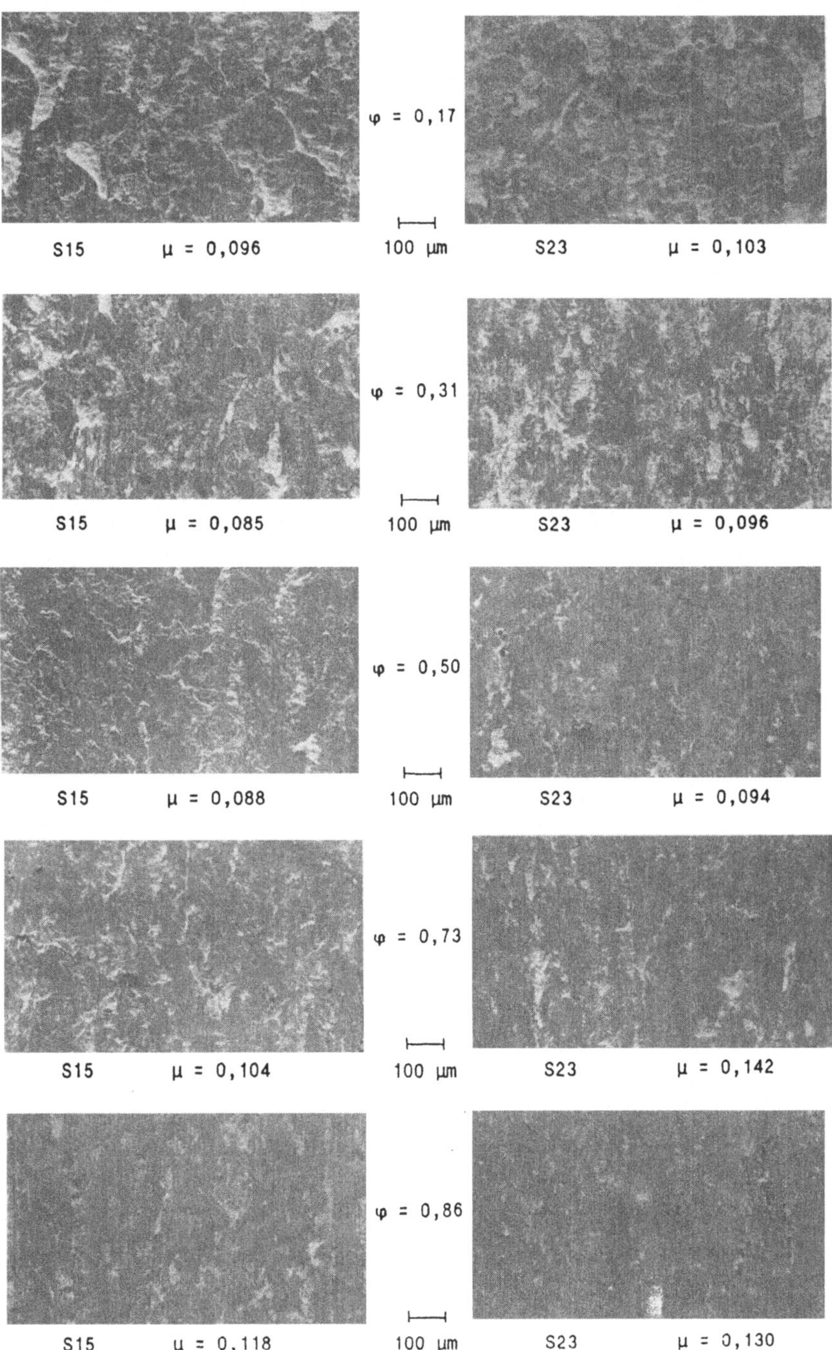

Bild 46: REM-Aufnahmen bei verschiedenen Umformgraden für den Werkstoff R St 37 K.

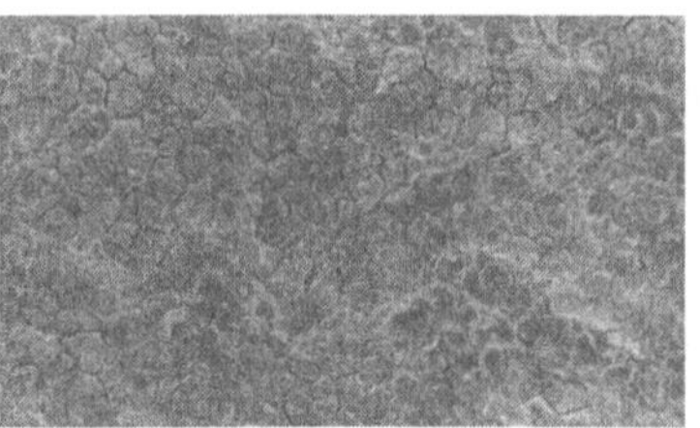

Ausgangszustand

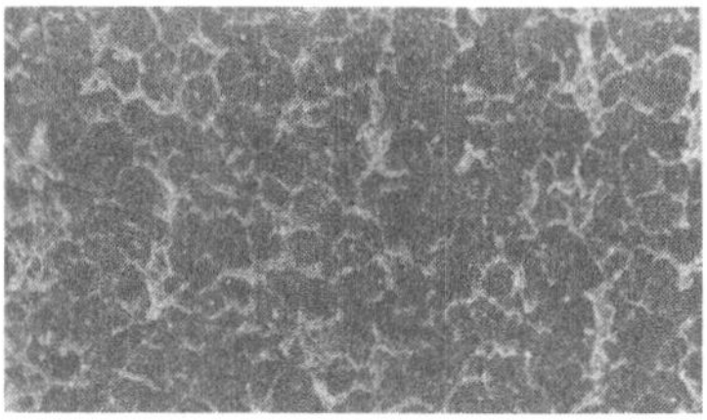

S15 μ = 0,046	φ = 0,16 ⊢—⊣ 50 μm	S23 μ = 0,053
S15 μ = 0,044	φ = 0,31 ⊢—⊣ 50 μm	S23 μ = 0,068
S15 μ = 0,048	φ = 0,49 ⊢—⊣ 50 μm	S23 μ = 0,076
S15 μ = 0,071	φ = 0,64 ⊢—⊣ 50 μm	S23 μ = 0,114

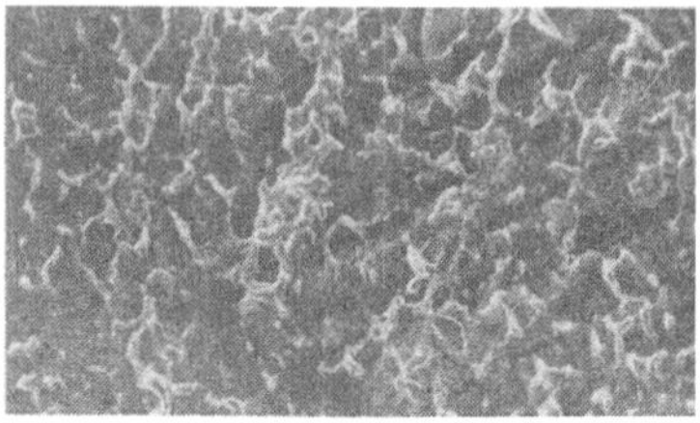

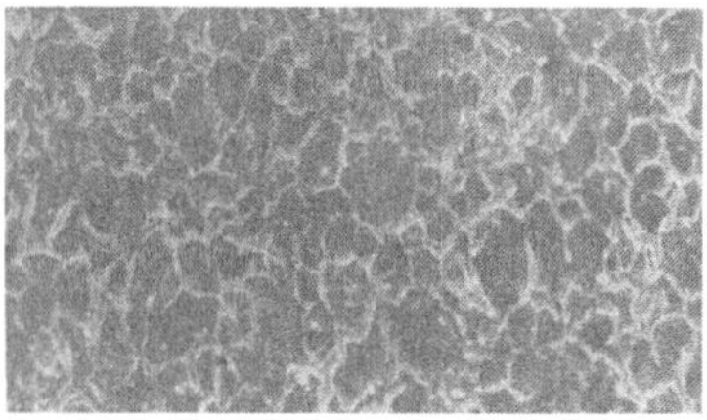

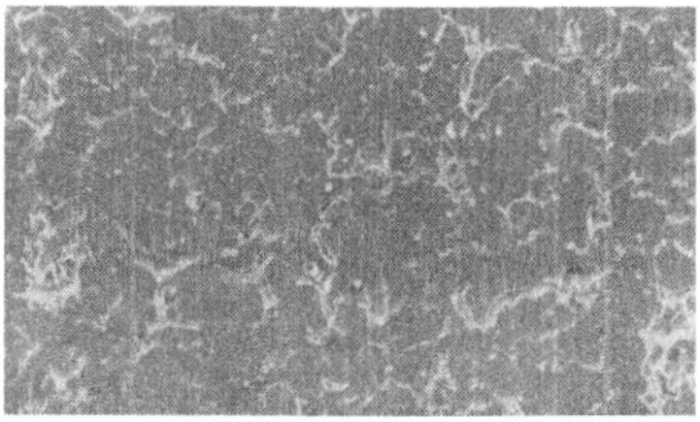

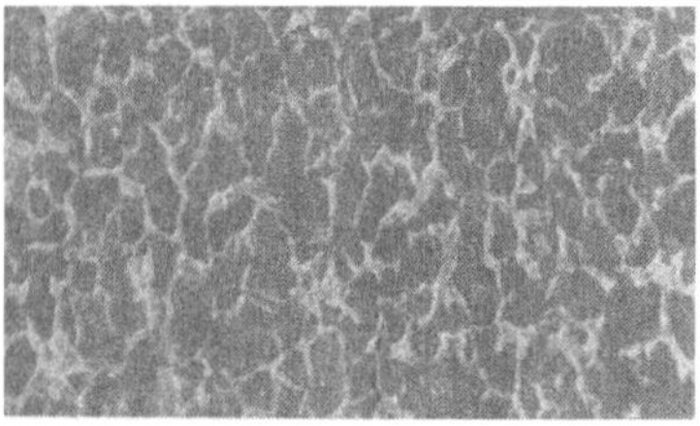

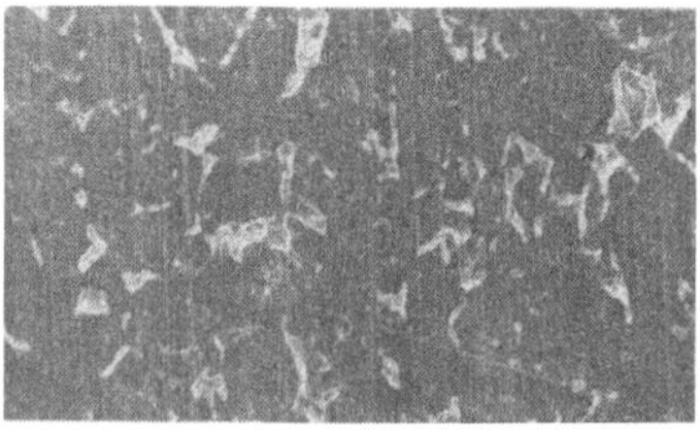

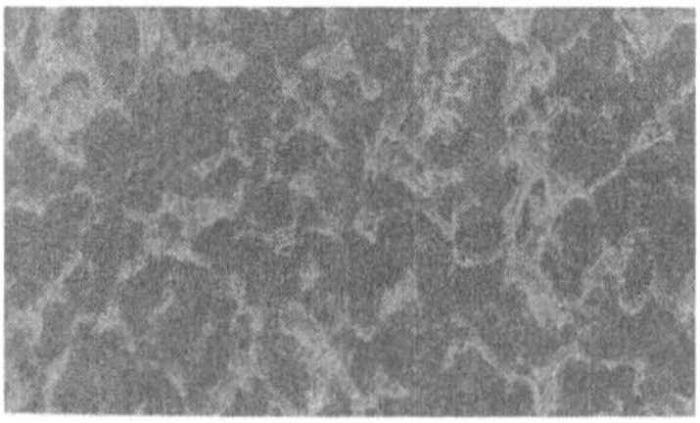

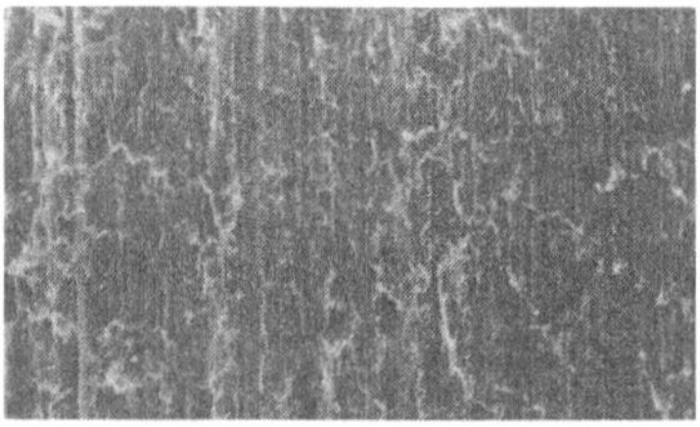

Bild 47: REM-Aufnahmen bei verschiedenen Umformgraden für den Werkstoff
X 5 CrNi 18 9.

Für Umformgrade $\varphi \geq 0{,}5$ zeigen sich bereits deutliche Unterschiede der dargestellten Schmierstoffe. Bei S15 weist die Werkstückoberfläche mit steigendem Umformgrad eine fortschreitende Einglättung auf, beim maximalen Umformgrad ist erstmalig eine schwache Riefenbildung zu erkennen. Der Schmierstoff S23 mit hoher Reibzahl und geringer Additivierung bewirkt bereits bei $\varphi = 0{,}5$ eine wesentlich stärkere Einebnung und Riefenbildung. Für ansteigenden Umformgrad nimmt die Einebnung und Riefenbildung weiter zu.

Bild 47 zeigt REM-Aufnahmen von Oberflächen die sich beim Umformen mit einem Schmierstoff bei dem sich eine geringe Reibzahl einstellt (S15) und einem Schmierstoff hoher Reibzahl S(23) ergeben haben. Für den kleinsten Umformgrad stellen sich für beide Schmierstoffe in etwa ähnliche Oberflächenzustände ein. Beim Schmierstoff S15 bewirkt ein ansteigender Umformgrad eine zunehmende Einebnung der Oberfläche; der Flächentraganteil nimmt zu. Für den Schmierstoff S23 zeigt sich bei $\varphi = 0{,}31$ eine gegenüber S15 bereits höhere Einebnung sowie die Ausbildung erster Riefen. Für den Umformgrad $\varphi = 0{,}49$ weist die Oberfläche einen sehr hohen eingeglätteten Bereich auf, beim maximal geprüften Umformgrad ist die Einglättung noch weiter fortgeschritten; die Riefenbildung ist hier deutlich ausgeprägt. Nach Bild 47 ist folglich die Trennwirkung von S23 (enthält als Additiv lediglich 5 % Phosphorzusatz) wesentlich schlechter als die von S15 (enthält Chlor-, Schwefel- und Phosphoradditive). Die bei den REM-Aufnahmen erhaltenen Ergebnisse stimmen gut mit den Ergebnissen des Flächentraganteils überein.

7.1.6.2 Physikalische Analyseverfahren

Über Oberflächenanalysen der Schicht- und Elementverteilung für die vorliegende Problemstellung liegen nahezu keine Erkenntnisse vor. Daher waren zunächst Überlegungen zur Vorgehensweise, zur Auswahl der Prüfverfahren und zur Interpretation der Ergebnisse notwendig.

Oberflächenanalysen mit Hilfe der in Abschnitt 2.4 erläuterten GDOS-Schichtanalyse erlauben Konzentrationsangaben über die im Prüfkörper vorliegenden Elemente im Mikrometer-Bereich. Mit Hilfe dieses Verfahrens wurden drei Proben des Werkstoffes R St 37 K, nämlich der Ausgangszustand sowie mit den Schmierstoffen S3 und S14 bei einem Umformgrad von $\varphi \approx 0{,}86$

umgeformte Werkstücke geprüft. Damit konnte die Elementverteilung für Kohlenstoff, Schwefel und Phosphor ermittelt werden. Für den Nachweis von Chlor war die aufgebrachte Anregungsenergie zu hoch (Bild 48).

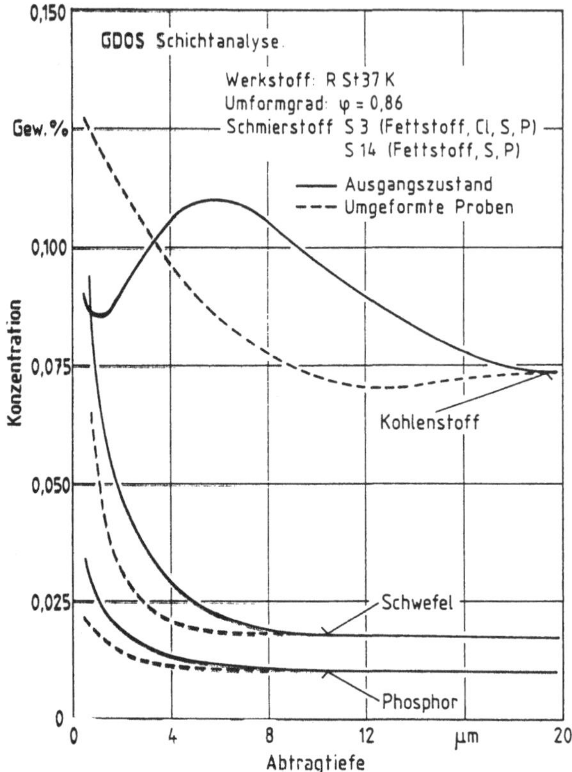

Bild 48: Elementverteilung in der Randschicht nach GDOS im Ausgangszustand und umgeformten Zustand.

Für die beiden umgeformten Proben ergeben sich für Schwefel, Phosphor und Kohlenstoff identische Verteilungen der Elemente, ein Einfluß der Additivierung ist nicht erkennbar. Interessant ist sowohl für umgeformte als auch für nicht umgeformte Proben der hohe Anteil dieser Elemente nahe der Probenoberfläche. Er könnte für die Proben im Ausgangszustand möglicherweise aus der Vorbehandlung des Werkstoffs (schmieren vor dem Walzen im Walzwerk) stammen.

Auffällig ist ferner der Unterschied für Schwefel und Phosphor bei einem Vergleich von umgeformter Probe und Ausgangszustand. In beiden Fällen liegt bei der Ausgangsprobe bis in eine Tiefe von ca. 9 µm die Konzentration deutlich höher, in größerer Tiefe lassen sich keine Unterschiede mehr feststellen.

Diese Ergebnisse lassen sich dahingehend interpretieren, daß die beim Umformen auftretenden Oberflächenvergrößerungen die in der Randzone befindlichen Seigerungen der Elemente auf die vergrößerte Oberfläche verteilen und somit der Anteil an Elementen pro Fläche abnimmt. Ein Einfluß der Elementverteilung der Schwefel- und Phosphoradditive ist im Bereich dieser Schichttiefen nicht zu erkennen.

Der Gehalt an Kohlenstoff zeigt ein anderes Verhalten als die zuvor genannten Elemente. Bis in eine Tiefe von ca. 3 µm ist für die umgeformten Werkstücke ein deutlich höherer Kohlenstoffgehalt festzustellen, der vermutlich aus den zersetzten Kohlenstoffketten des Schmierstoffs herrührt. Nicht erklärt werden kann der Abfall der Kohlenstoffkonzentration von umgeformten Proben bei einer Abtragstiefe von 3 µm bis 17 µm gegenüber der Konzentration nicht umgeformter Proben. Möglicherweise findet während des Umformvorganges eine Kohlenstoffdiffusion von der Oberfläche in das Probeninnere statt.

Die GDOS-Schichtanalyse eignet sich nur bedingt zur Ermittlung der Elementverteilung. Die Abtragsraten im Mikrometerbereich lassen keine konkreten Rückschlüsse auf die Abläufe in der Wirkfuge beim Umformen zu. Besser geeignet scheint hier ein Analyseverfahren, das idealerweise zwischen wenigen Atomkonzentrationen differenzieren kann.

Eine solche Möglichkeit bietet die Auger-Elektronenspektroskopie (AES). Ein erster Kenntnisstand über die Anwesenheit von Elementen auf der Werkstückoberfläche kann aufgrund der Information aus Bild 49 erhalten werden. Jedes sich auf der Probenoberfläche befindliche Element weist bei einer elementspezifischen Energie einen Peak auf. Für Eisen stellen sich so aufgrund seines komplexen Elektronenzustandes im Bereich von 600 bis 700 eV drei Peaks ein. Sauerstoff und Kohlenstoff zeigen die für sie charakteristischen Peaks bei 510 eV bzw. 272 eV. Für Chlor (180 eV) und Schwefel (150 eV) ergeben sich vor dem Sputtern deutliche Peaks, die nach dem Abtragen einer Schicht von ca. 100 nm verschwunden sind. Phosphor, dessen charakteristische kinetische Energie bei 120 eV liegt, zeigt nur einen angedeuteten Peak. Aus der Größe der Peaks kann in grober Näherung auf die Häufigkeit der einzelnen Elemente geschlossen werden.

Von konkretem Interesse ist neben der Information, welches Element vorliegt, auch die Kenntnis, in welcher Konzentration und Schichtdicke die verschiedenen Elemente nachgewiesen werden können. Hier eignet sich die AES-Analyse in Verbindung mit Sputtern, d.h. kontinuierlichem Abtragen der Oberflächenrandschicht.

Bild 50 zeigt die Konzentration der nachgewiesenen Elemente für eine Abtragstiefe bis 200 nm. Die anlagenbedingte Nachweisgrenze betrug ein Atomprozent. Die Probe im Ausgangszustand weist mit zunehmender Abtragstiefe einen steigenden Eisengehalt und abnehmenden Sauerstoffgehalt auf. Diese Beobachtung kann generell bei oxidbelegten Metalloberflächen gemacht werden. Der Gehalt an Kohlenstoff nimmt bei einer Konzentration von 25 % an der Oberfläche auf 0 % in einer Tiefe von 50 nm ab. Schwefel und Chlor liegen im Ausgangszustand zu etwa 3 % bzw. 1,5 % vor und sind ab einer Abtragstiefe von ca. 15 nm nicht mehr nachweisbar. Phosphor konnte nicht festgestellt werden. Die Anwesenheit bzw. das Verhalten von Kohlenstoff, Schwefel und Chlor bei der Probe im Ausgangszustand kann dahingehend interpretiert werden, daß diese Werkstücke während des Walzvorganges des Flachstahles mit Schmierstoffadditiven reagiert haben müssen.

Eisen und Kohlenstoff zeigen für die umgeformte Probe einen ähnlichen Verlauf wie bei der nicht umgeformten Probe. An der Oberfläche liegt der Kohlenstoffgehalt bei 30 %, der von Schwefel bei ca. 5 % und der von Chlor bei etwa 3 %. Alle drei Elemente konnten in einer Tiefe bis 50 nm nachgewiesen werden. Die Erhöhung der Konzentration dieser Elemente im Vergleich zur nicht umgeformten Probe wird eindeutig durch den Schmierstoff bei der Umformung verursacht. Phosphor kann nicht nachgewiesen werden, da der Gesamtphosphorgehalt des Phosphoradditivs mit 0,4 % unter der Nachweisgrenze liegt. Gegenüber dem Ausgangszustand weist die umgeformte Probe einen Sauerstoffgehalt auf deutlich höherem Niveau auf.

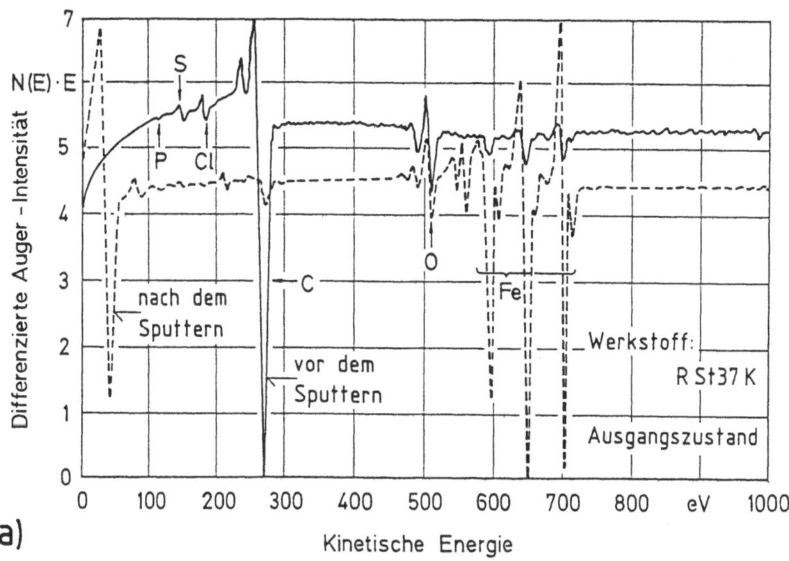

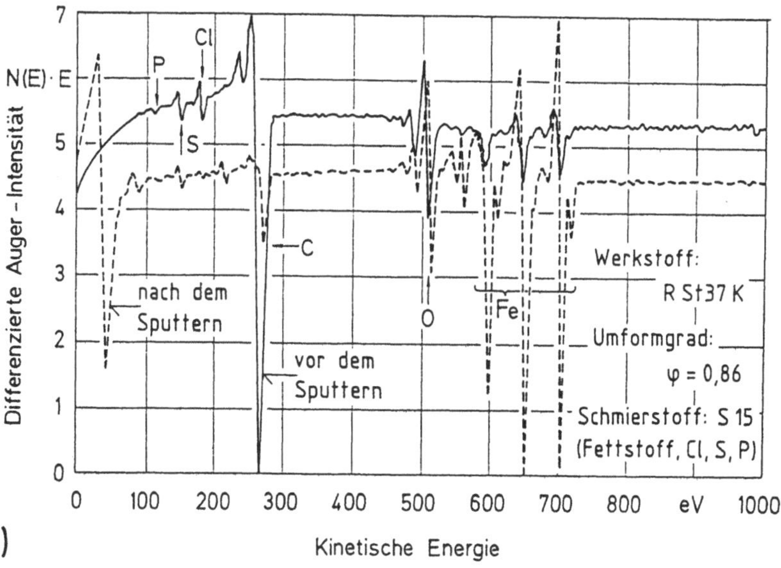

Bild 49: Elementnachweis für Proben im a) Ausgangszustand und b) umgeformten Zustand.

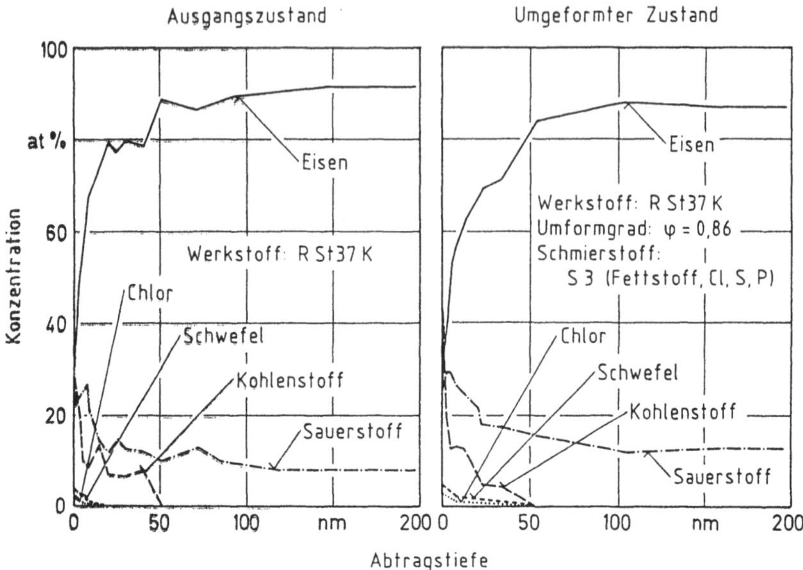

Bild 50: Elementkonzentration in der Randschicht nach AES für Proben im
Ausgangszustand und umgeformter Proben für den Schmierstoff S3.

Dieser Anstieg des Sauerstoffgehaltes wird in /10/ damit erklärt, daß bei
der Umformung die Zahl der Gitterfehler des Metallgitters stark zunimmt.
Infolge freier Valenzkräfte sind diese Gitterfehler chemisch besonders
aktiv; es kommt zu Bindungen mit Elementen, die an nicht umgeformten oder
tribomechanisch unbeanspruchten Flächen nicht ablaufen würden. Es findet
eine Reaktion mit Gasen, insbesondere mit Sauerstoff, statt. Der Vorgang
der hierbei ablaufenden Oxidschichtbildung wird als Tribooxidation bezeichnet. Die Oxidschicht bewirkt möglicherweise eine Verbesserung des Reibver
haltens.

Auch die eben erläuterten Analysen im Tiefenbereich bis 200 nm lassen für
die unmittelbare Oberflächenrandschicht nur ungenaue Aussagen zu. Deshalb
wurden für zwei Schmierstoffe weitere AES-Analysen mit höherer Auflösung
durchgeführt. Dabei wurde in einem Ultra-Hoch-Vakuum bei $5 \cdot 10^{-10}$ Torr
gearbeitet. Die Nachweisgrenze konnte damit auf 0,5 Atomprozent gesenkt
werden.

In einer Sputter-Zeit von 60 Minuten wurden 24 nm der Probenoberfläche
abgetragen; nach einer Erhöhung der Abtragsrate konnten in weiteren 10

Minuten nochmals 30 nm abgesputtert werden. Die Ergebnisse hierzu sind in
Bild 51 dargestellt. Die Elementkonzentration unmittelbar auf der Oberfläche ist für die Elemente Sauerstoff, Chlor und Schwefel geringer als
wenige Nanometer unterhalb der Oberfläche. Nach Überschreiten eines maximalen Wertes fallen die Konzentrationsverläufe für diese drei Elemente in
ähnlicher Weise ab. Es scheint also ein direkter Zusammenhang des Schichtbildungsmechanismus zwischen den Additivkomponenten Schwefel und Chlor
sowie Sauerstoff zu bestehen. Ähnliche Ergebnisse sind in /53/ gefunden
worden.

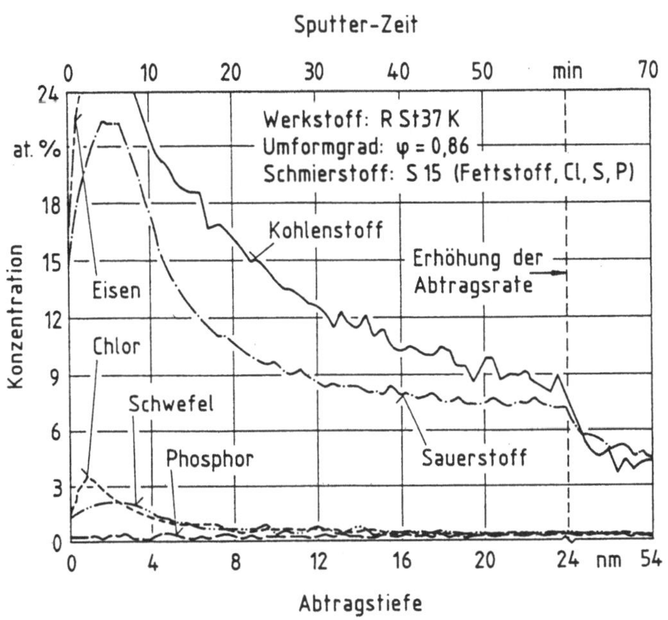

Bild 51: Elementkonzentration in der Randschicht nach AES für den
Schmierstoff S15.

Chlor erreicht seine höchste Konzentration von ca. 3,5 % in einer Tiefe von
1 nm. Der Chloranteil nimmt mit der Tiefe ab und bewegt sich ab ca. 20 nm
an der Nachweisgrenze. Ausgehend von 1,5 Atomprozent an der Oberfläche
erreicht Schwefel seinen maximalen Wert in 2,5 nm Abstand von der
Oberfläche mit 2 Atomprozent. Von diesem Maximum aus zeigt Schwefel nahezu
denselben abfallenden Verlauf wie Chlor. Der Phosphorgehalt liegt an der
Nachweisgrenze.

Ein Vergleich der Analyseergebnisse der mit S3 und S15 umgeformten Werkstücke zeigt, daß der Gehalt an Chlor aus Reaktionsprodukten an der Oberfläche unabhängig davon ist, ob ein hochtemperaturbeständiges Chlorparaffin (S3 - Bild 50) oder ein Chlorparaffin geringerer thermischer Stabilität (S15 - Bild 51) eingesetzt wird. Die Konzentration und Art des Schwefeladditivs ist bei diesen beiden Schmierstoffen identisch. Dennoch bildet sich beim Umformen mit S3 eine Schwefelkonzentration von ca. 5 % gegenüber etwa 2 % beim Umformen mit S15. Dies läßt Rückschlüsse auf synergistische Reaktionen zwischen den Chlor- und Schwefeladditiven zu.

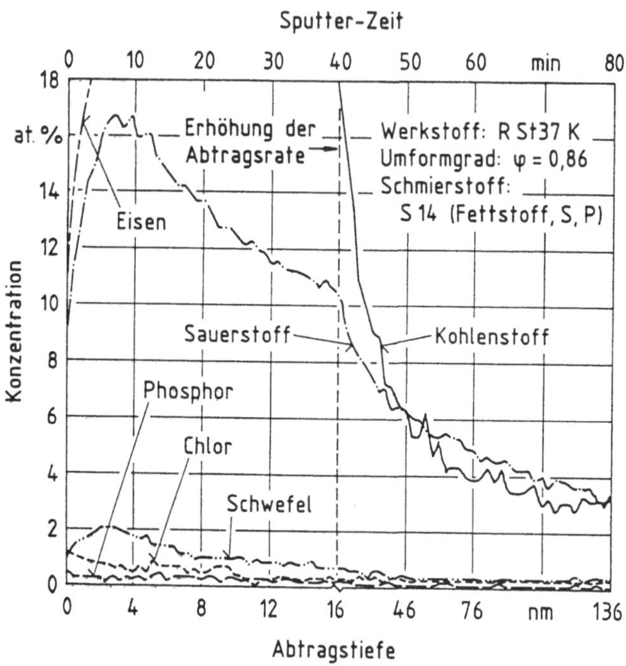

Bild 52: Elementkonzentration in der Randschicht nach AES für den Schmierstoff S14.

Wird dem Schmierstoff S15 das Chloradditiv entzogen, so ergibt sich der Schmierstoff S14 (vergleiche Tabelle 2). Chlor liegt nach Bild 52 in sehr geringer Konzentration von ca. 1 Atomprozent vor, obwohl dem Schmierstoff kein Chloradditiv zulegiert worden war. Auch hier konnte wieder wie in Bild 50 der Chlorgehalt des bei der Herstellung des Stahles verwendeten Schmierstoffes nachgewiesen werden. Das Schwefeladditiv (geschwefelter pflanzlicher Fettsäureester) zeigt ein mit dem Schmierstoff S15 (Bild 51) identisches Konzentrationsprofil. Ein verbessertes Ansprechverhalten bzw. eine teilweise Substitution der Chloraktivität durch Schwefel kann nicht nachgewiesen werden. Der Konzentrationsverlauf des Schwefeladditivs und des Sauerstoffs ist ähnlich, insbesondere für kleinere Konzentrationswerte unmittelbar an der Oberfläche gegenüber den höheren Werten wenige Nanometer unterhalb der Probenoberfläche.

Bei Wiederholversuchen zeigten sich gewisse Schwankungen, insbesondere bezüglich der quantitativen Ergebnisse. Dies läßt sich auf zwei mögliche Gründe zurückführen, nämlich die Rauheit der Probenoberfläche (sie äußert sich im Verlauf der Atomkonzentrationen) und/oder die ungleichmäßige Reaktionsschichtbildung auf der Oberfläche. Dabei erwies sich das Fehlen von Eichproben bzw. grundlegenden Untersuchungen zur Oberflächenanalytik von umgeformten Werkstücken als nachteilig. Die Proben im Ausgangszustand wiesen bereits die Elemente Schwefel und Chlor aus dem Herstellungsprozeß auf. Beim Umformen mit additivierten Schmierstoffen nehmen die Konzentrationen geringfügig zu. Die dabei auftretenden Konzentrationen sind jedoch so gering, daß weitere physikalische Untersuchungen, wie z.B. die ESCA-Analyse zur Ermittlung von Reaktionsverbindungen, nicht sinnvoll erscheinen.

Gegen weitere physikalische Analysen bei dem ebenfalls umgeformten austenitischen Stahl X 5 CrNi 18 9 sprachen mehrere Gründe. Zum einen handelt es sich bei diesem Stahl um einen reaktionsträgen Werkstoff, der zudem versuchsbedingt nur mit geringerem Umformgrad als R St 37 K umgeformt werden konnte. Letztlich trugen auch die bereits bei R St 37 K erhaltenen sehr geringen Konzentrationen und die hohen Kosten solcher Analysen zu der Entscheidung bei, von weiteren Analysen abzusehen.

7.2   SCHRÄGSTAUCHEN

Bei den Schrägstauchversuchen wurde zunächst der Einfluß der Auftragung des Schmierstoffes geprüft. Von den Auftragsverfahren Tauchen, Tupfen mit anschließendem Abziehen mit einer Gummilippe, Tupfen auf getränktem Schaumstoff und Pinseln ergab das Tupfen auf mit Schmierstoff getränktem Schaumstoff die beste Reproduzierbarkeit bezüglich der Auftragsmenge. Die pro Werkstückseite aufgetragene mittlere Schmierstoffmenge betrug 52 g/m². Die Werkstücke wurden vor dem Schmierstoffauftrag zehn Minuten in einem

Ultraschall-Reinigungsgerät mit Aceton entfettet und gereinigt. Der vom vorherigen Stauchvorgang auf den Stauchbahnen verbliebene Schmierstoff wurde ebenfalls mit Aceton entfernt.

Die beim Schrägstauchen in der Wirkfuge geltende Reibzahl läßt sich nach Gleichung (3) berechnen. Hierzu wird die Stempelkraft F_{St} über eine auf dem oberen Stauchstempel aufgesetzte Kraftmeßdose sowie die Querkraft F_Q über die in der Vorspanneinrichtung integrierte Kraftmeßdose gemessen. Die Verlustkraft F_V wurde experimentell bestimmt. Die beim Schrägstauchen sich einstellenden Stempel- und Querkräfte wurden wegabhängig aufgezeichnet und konnten dem Meßprotokoll entnommen werden.

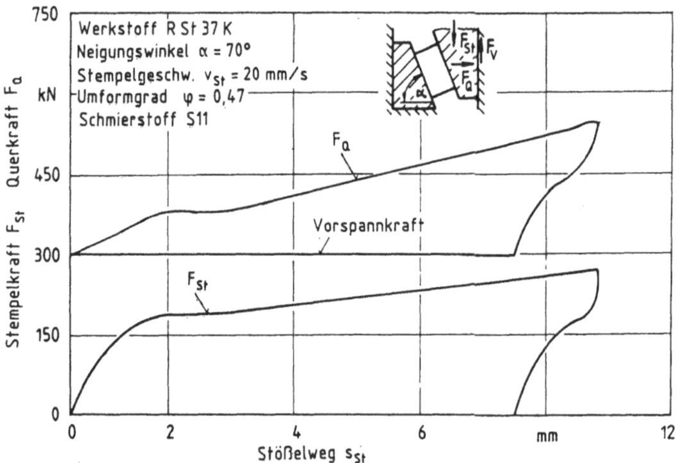

Bild 53: Kraft-Weg-Verläufe beim Schrägstauchen.

Bild 53 zeigt die Kraft-Weg-Verläufe für Stößel- und Querkraft. Über eine Vorspanneinrichtung war die Querkraft-Meßdose auf 300 kN vorgespannt. Die Überwindung der Haftreibung in der Führungsfläche charakterisiert den Kraftanstieg für kleine Stößelwege. Mit zunehmender Umformung folgt ein weiterer, linearer Kraftanstieg, der beim Aufsetzen des Pressenstößels auf die Festanschläge sein Maximum erreicht. Die elastische Rückfederung bewirkt beim Entlasten die Wegdifferenz.

Für den Bereich des linearen Kraftverlaufes ist der Stößelweg proportional zum Umformgrad. Daher läßt sich aus einem Schrägstauchversuch die Reibzahl bis hin zum größten Umformgrad für jeden dazwischenliegenden Wert bestimmen. Ein dreimaliges Wiederholen unter konstanten Bedingungen ergab eine gute Reproduzierbarkeit. Insgesamt wurden hier 350 Versuche durchgeführt.

Als Versuchsparameter wurden neben den Schmierstoffen der Neigungswinkel der Stauchflächen mit 70° und 80°, die Stößelgeschwindigkeit sowie der Werkstückwerkstoff (R St 37 K und X 5 CrNi 18 9) variiert. Für den Werkstoff R St 37 K und den Neigungswinkel $\alpha = 80°$ wurde ein maximaler Umformgrad von $\varphi = 0,41$ erreicht. Für größere Umformgrade, wie bereits auch bei geringen Umformgraden für X 5 CrNi 18 9 beim Neigungswinkel $\alpha = 80°$, waren die resultierenden Querkräfte so hoch, daß das gestauchte Werkstück im Werkzeug festklemmte und nur durch Zerlegen des Werkzeuges entnommen werden konnte.

7.2.1   Einfluß der Additive auf die Reibzahl

7.2.1.1 Variation von Chlor-, Schwefel- und Phosphoradditiven

In den Diagrammen in Bild 54 liegen die Reibzahlen für R St 37 K bei beiden Neigungswinkeln in ähnlicher Größenordnung; allerdings zeigen sich beim Neigungswinkel $\alpha = 80°$ unter hohen Umformgraden größere Reibzahldifferenzen. Die Reibzahlen für X 5 CrNi 18 9 liegen auf einem höheren Niveau, die Schmierstoffe bzw. deren Additive scheinen bei diesem Werkstoff und den hier auftretenden Belastungen in der Wirkfuge schlechter anzusprechen.

Der Schmierstoff S1 weist für alle in Bild 54 dargestellten Parameter bei niedrigem Umformgrad eine geringe Reibzahl auf, die gegenüber den anderen Schmierstoffen bei zunehmendem Umformgrad verhältnismäßig stark ansteigt, was auf Verschleißerscheinungen schließen läßt. Bei Zugabe von 20 % Chlorparaffin (S2) ist die Reibzahl zunächst größer als bei S1, zeigt aber bei größeren Umformgraden dann relativ geringere Reibzahlen. Ein Ersatz des Chlorparaffins in S2 durch 20 % Schwefel- und 5 % Phosphoradditiv (S14), bewirkt beim Neigungswinkel $\alpha = 70°$ für beide Werkstoffe mit die höchste Reibzahl. Hier scheinen die zulegierten Additive nicht zur Geltung zu kommen, im Gegensatz zum Neigungswinkel von $\alpha = 80°$, wo S14 mittlere Reibzahlen über dem gesamten Umformbereich ergibt. Die Unterschiede zwischen den beiden Neigungswinkeln werden in /43/ auf die Veränderung der Relativgeschwindigkeit und der damit verbundenen Erscheinungen zurückgeführt.

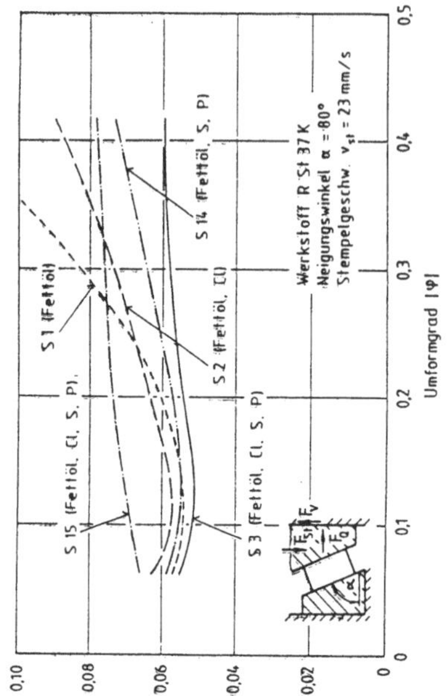

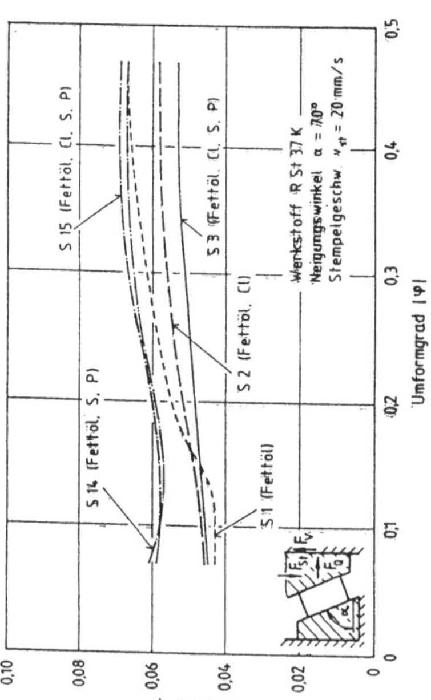

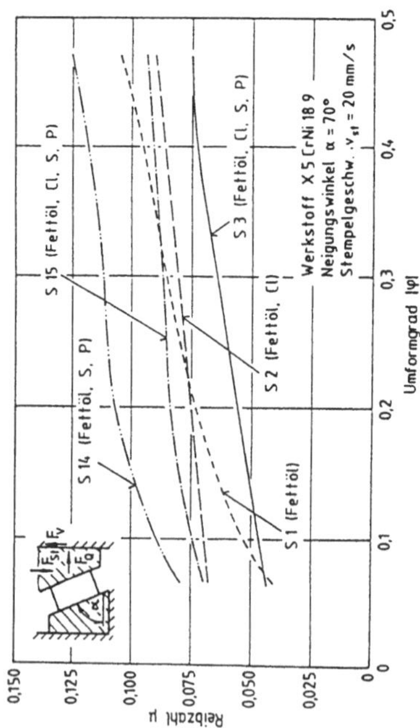

Schmierstoff	Mineralöl in Gew.%	Fettstoff in Gew.%	Cl-Additiv in Gew.%	Ges. Cl-Gehalt in Gew.%	S-Additiv in Gew.%	Ges. S-Gehalt in Gew.%	P-Additiv in Gew.%	Ges. P-Gehalt in Gew.%	Haftverb. in Gew.%	Viskosität in mm²/s
S 1	85	15	-	-	-	-	-	-	-	164
S 2	60	15	25	14	-	-	-	-	-	160
S 3	40	15	20	11	20	6,5	5,0	0,4	-	163
S 14	60	15	-	-	20	6,5	5,0	0,4	-	165
S 15	42	15	18	11	20	6,5	5,0	0,4	-	166

Bild 54: Reibzahl von fettöl-, chlor-, schwefel- und phosphorhaltigen Schmierstoffen beim Schrägstauchen.

Schließlich erlaubt Bild 54 auch den Vergleich zweier Chloradditive. Das hochtemperaturstabilisierte Chlorparaffin in S3 weist über den gesamten Umformbereich für alle Parameter die geringste Reibzahl auf. Der Schmierstoff S15 mit einem Chlorparaffin höherer Reaktivität liefert deutlich höhere Reibzahlen. Diesem Additiv gelingt es somit nicht, bei den vorliegenden Beanspruchungen und/oder im Zusammenwirken mit den übrigen zulegierten Additiven seine optimalen Eigenschaften zu entfalten. Der Schmierstoff S3 hingegen weist in dieser Formulierung offensichtlich ein ausgewogenes Verhältnis der verschiedenen Additivtypen auf; dies läßt, da über dem gesamten Umformbereich keine ähnlich geringen Reibzahlen für die anderen Schmierstoffe erhalten werden, auf synergistische Effekte rückschließen.

Unabhängig vom Werkstoff und Neigungswinkel zeigen die drei Darstellungen in Bild 55 für die verschiedenen Schmierstoffe dieselben Ergebnisse. Der nur 5 % Dialkyl-dithiophosphat enthaltende Schmierstoff S23 bewirkt offensichtlich aufgrund seines geringen Additivgehaltes für niedrigen Umformgrad eine minimale Reibzahl. Bei zunehmender Formänderung steigt infolge der nun nicht mehr in genügender Anzahl zur Verfügung stehenden Additive die Reibzahl auf mittlere Werte an.

Die Schmierstoffe S20 und S22 unterscheiden sich lediglich bezüglich des Schwefeladditives. Beim Werkstoff R St 37 K bewirkt die höhere Aktivität des Dialkylpentasulfids in S20, mit Ausnahme ähnlicher Reibzahlen bei geringen Umformgraden beim Neigungswinkel $\alpha = 70$, eine kleinere Reibzahl gegenüber dem geschwefelten Fettsäureester in S22. Beim austenitischen Werkstoff kommt diese Aktivität nicht zur Geltung; über dem gesamten Umformbereich weist S22 niedrigere Reibzahlen auf. Der mit einem Phosphor-Schwefel-Additiv formulierte Schmierstoff S19 führt für beide Werkstoffe zu vergleichsweise geringen Reibzahlen. Der bekannte Synergismus zwischen Phosphor- und Schwefeladditiven ist für diesen Zusammenhang verantwortlich.

Für die beiden mit Fettöl, Schwefel- und Phosphoradditiv legierten Schmierstoffe S14 und S21 stellen sich völlig unterschiedliche Verhältnisse ein. Während S21 stets eine minimale Reibzahl aufweist (insbesondere für hohe Umformgrade), zeigt S14 diesbezüglich durchweg das schlechteste Verhalten. Bei den hier vorliegenden tribologischen Bedingungen scheint entweder die Konzentration der Additive in S14 (40 % Additivgehalt in S14 gegenüber 20 % in S21) und/oder die Wahl der Additive ungeeignet zu sein.

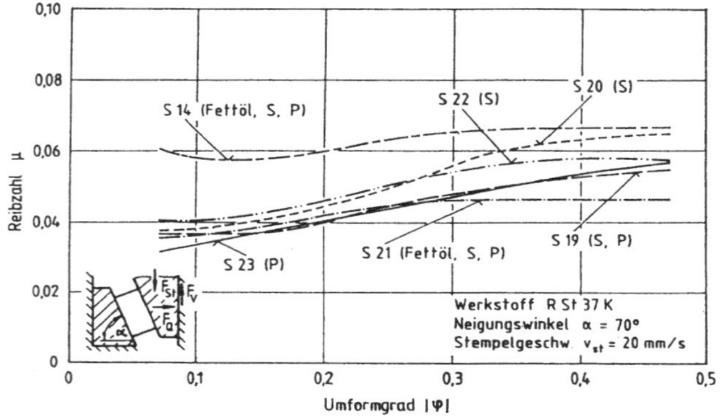

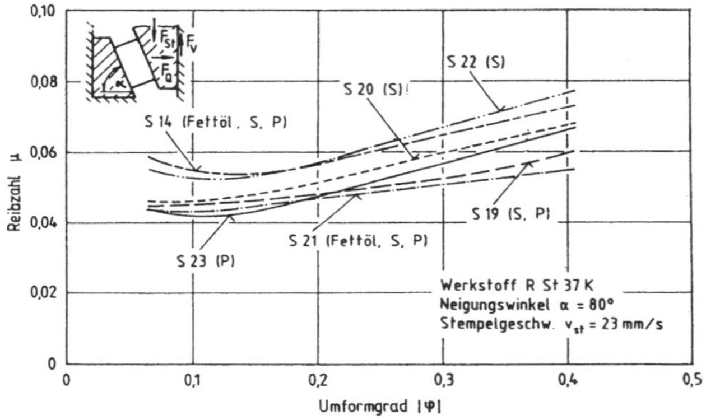

Schmierstoff	Mineralöl in Gew.%	Fettstoff in Gew.%	Cl-Additiv in Gew.%	Ges. Cl-Gehalt in Gew.%	S-Additiv in Gew.%	Ges. S-Gehalt in Gew.%	P-Additiv in Gew.%	Ges. P-Gehalt in Gew.%	Haftverb. in Gew.%	Viskosität in mm²/s
S 14	60	15	-	-	20	6,5	5,0	0,4	-	165
S 19	80	-	-	-	-	1,5	-	0,5	-	156
S 20	80	-	-	-	20	2,2	-	-	-	158
S 21	80	3.2	-	-	-	0,3	-	0,1	-	151
S 22	80	-	-	-	20	6,4	-	-	-	156
S 23	95	-	-	-	-	-	5,0	0,3	-	154

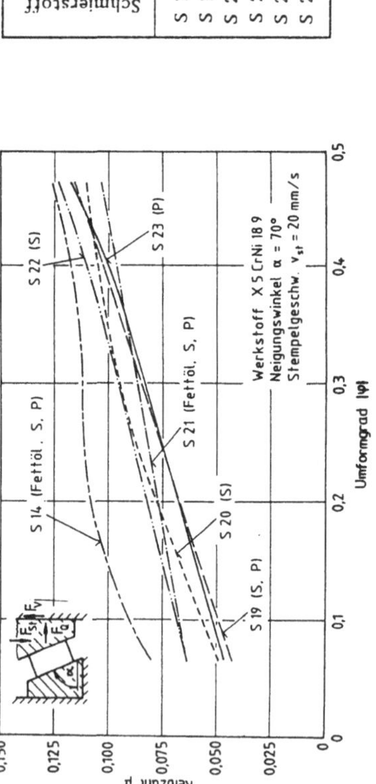

Bild 55: Reibzahl von fettöl-, schwefel- und phosphorhaltigen Schmierstoffen beim Schrägstauchen.

Ein Vergleich der Bilder 54 und 55 zeigt für den Werkstoff R St 37 K sehr deutlich, daß die Reibzahlen der Schmierstoffe in Bild 54 (Schmierstoffe mit einem hohen Additivgehalt) bis zu einem Umformgrad von $\varphi \approx 0{,}4$ zum Teil doch ganz wesentlich über dem Reibzahlverlauf der Schmierstoffe mit geringerem Additivanteil in Bild 55 liegen. Beim hochlegierten Werkstück-werkstoff X 5 CrNi 18 9 dagegen zeigen Schmierstoffe mit geringerer und höherer Additivierung bis zum Umformgrad $\varphi \approx 0{,}3$ ähnliches Verhalten; für größere Formänderungen bewirken hohe Additivgehalte und insbesondere Chlor-paraffin eine deutliche Reibzahlsenkung gegenüber Schmierstoffen mit gerin-gerer Additivierung.

7.2.1.2 Variation des Grundöles

Die Schmierstoffe S3 und S17 sind identisch legierte Mineralöle, welche sich durch die Wahl des Grundöles unterscheiden. Bei S3 wurde ein naphtenisches Öl eingesetzt (Öle dieser chemischen Struktur kommen heute industriell überwiegend zum Einsatz). Der Schmierstoff S17 enthält ein Grundöl paraffinischer Konsistenz. In Bild 56 stellt sich, mit Ausnahme ähnlicher Reibzahlen bei kleinen Umformgraden für den Werkstoff R St 37 K, stets ein geringerer Reibzahlverlauf für das naphtenische Grundöl ein.

Für diesen Sachverhalt sind zwei Gründe maßgebend. Zum einen zeigt Bild 59 in Abschnitt 7.2.2, daß die Viskosität einen deutlichen Einfluß auf die Reibzahl hat. Für die Viskosität von S3 ($\nu = 163\ \mathrm{mm^2/s}$) war die geringste Reibzahl festzustellen, während S17 mit einer kinematischen Viskosität von $\nu = 25\ \mathrm{mm^2/s}$ nach Bild 59 eine höhere Reibzahl erwarten läßt. Zum anderen ist bekannt, daß Paraffinöle gegenüber Naphtenölen aufgrund ihrer geringe-ren Polarität zu höheren Reibzahlen führen.

7.2.1.3 Variation des Fettstoffes

Die Prüfung der Schmierstoffe S1, S3, S11 und S18 erlaubt Rückschlüsse auf das Verhalten der Schmierstoffe bei Variation des Fettstoffes. Aufgrund der Additivierung lassen sich unmittelbar S1 (enthält als Fettstoff Glycerol-Trioleat) und S18 (enthält Trimethylolpropanester) vergleichen.

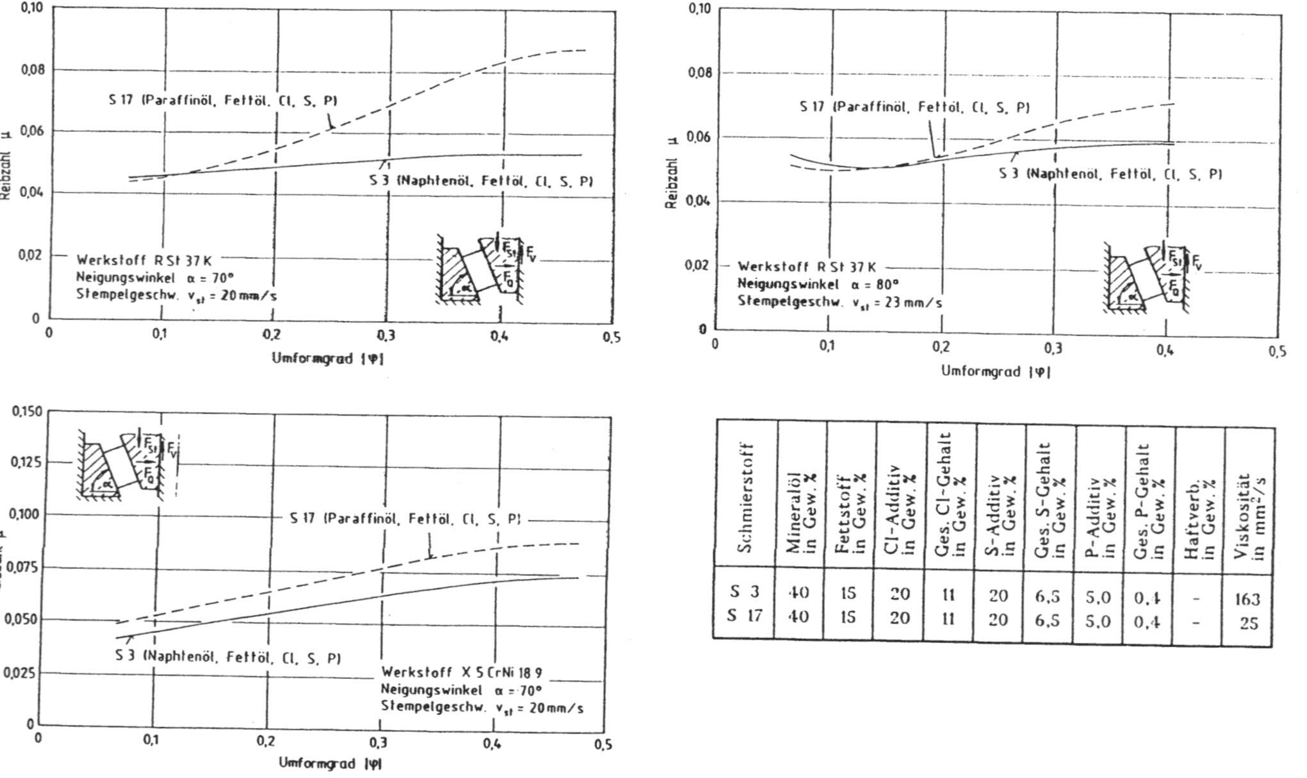

Schmierstoff	Mineralöl in Gew.%	Fettstoff in Gew.%	Cl-Additiv in Gew.%	Ges. Cl-Gehalt in Gew.%	S-Additiv in Gew.%	Ges. S-Gehalt in Gew.%	P-Additiv in Gew.%	Ges. P-Gehalt in Gew.%	Haftverb. in Gew.%	Viskosität in mm²/s
S 3	40	15	20	11	20	6,5	5,0	0,4	-	163
S 17	40	15	20	11	20	6,5	5,0	0,4	-	25

Bild 56: Einfluß des Grundöles auf die Reibzahl beim Schrägstauchen.

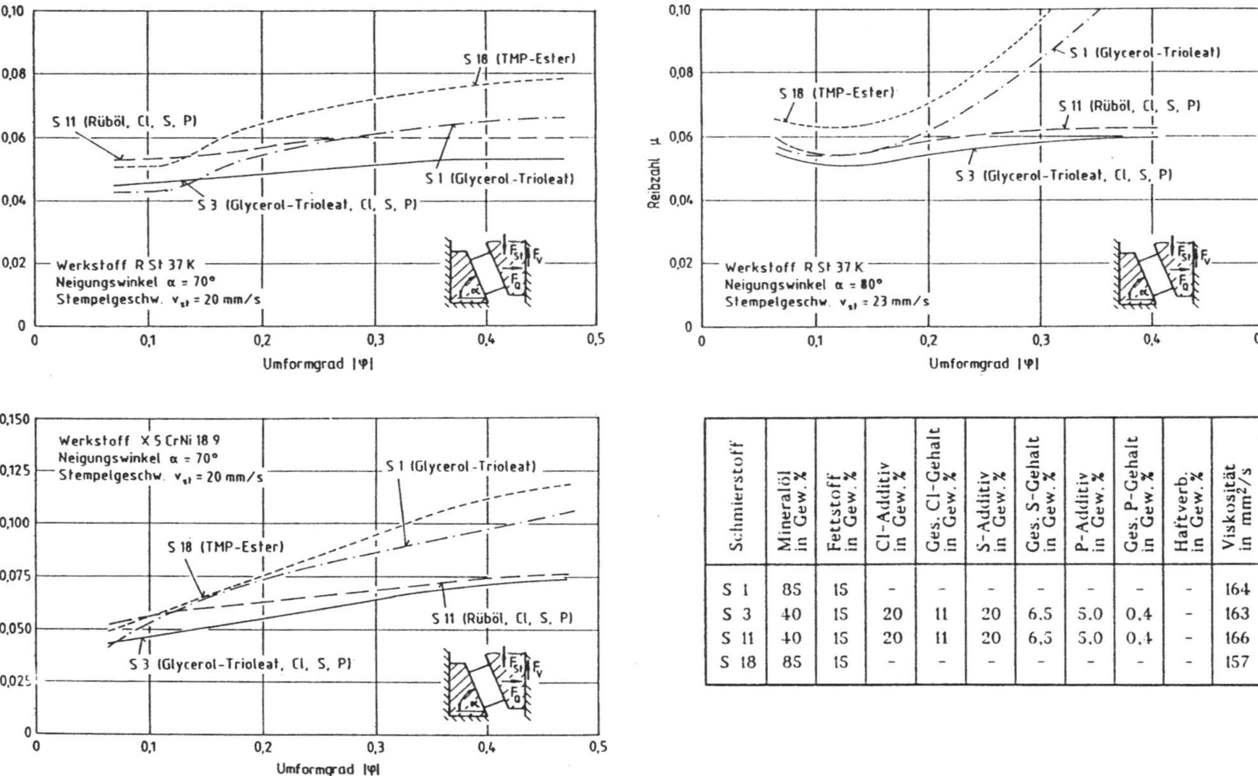

Schmierstoff	Mineralöl in Gew.%	Fettstoff in Gew.%	Cl-Additiv in Gew.%	Ges. Cl-Gehalt in Gew.%	S-Additiv in Gew.%	Ges. S-Gehalt in Gew.%	P-Additiv in Gew.%	Ges. P-Gehalt in Gew.%	Haftverb. in Gew.%	Viskosität in mm²/s
S 1	85	15	–	–	–	–	–	–	–	164
S 3	40	15	20	11	20	6.5	5.0	0.4	–	163
S 11	40	15	20	11	20	6.5	5.0	0.4	–	166
S 18	85	15	–	–	–	–	–	–	–	157

Bild 57: Einfluß des Fettstoffes auf die Reibzahl beim Schrägstauchen.

Mit Ausnahme kleiner Umformgrade bei Stempelneigungswinkeln von $\alpha = 70°$ zeigt der Schmierstoff S1 für alle variierten Parameter eine geringere Reibzahl als S18 (Bild 57). Insbesondere beim Werkstoff R St 37 K weist für beide Neigungswinkel der Reibzahlverlauf von S1 und S18 bei gleichem Umformgrad die gleiche Steigung auf, d.h. das Ansprechverhalten der Fettstoffe Glycerol-Trioleat und TMP-Ester ist identisch (allerdings auf einem unterschiedlichen Reibzahlniveau). Für höhere Umformgrade zeigen S1 und S18, vor allem beim Werkstoff R St 37 K für den Neigungswinkel $\alpha = 80°$, hohe Reibzahlen. Für diese Versuchsparameter und Schmierstoffe waren am Werkstück Riefenbildung und am Werkzeug Kaltverschweißungen zu erkennen; die Trennwirkung von nur mit Fettstoff legierten Schmierstoffen ist also ungenügend.

Unabhängig vom Fettstoff ergeben mit Chlor-, Schwefel- und Phosphoradditiven legierte Schmierstoffe für Umformgrade von $\varphi > 0,2$ geringere Reibzahlen. Der Fettstoff in S3 (Glycerol-Trioleat) führt für alle untersuchten Parameter zu geringeren Reibzahlen als der vergleichbare Schmierstoff S11 mit Rüböl als Fettstoff. Der beim Werkstoff R St 37 K zwischen S1 und S18 beobachtete parallele Reibzahlverlauf über dem Umformgrad kann auch für S3 und S11 festgestellt werden.

Zusammenfassend zu Bild 57 läßt sich bemerken, daß von den geprüften Fettstoffen Glycerol-Trioleat gegenüber Rüböl und Trimethylolpropanester zu den besten Ergebnissen führt. Demzufolge lagert sich das Glycerol-Trioleat im Vergleich zu den anderen Fettstoffen an der Werkstückoberfläche in höherer Konzentration an oder die adsorptiv angelagerten Moleküle gewährleisten eine bessere Trennwirkung von Werkstück und Werkzeug. Die Reibzahlen unterscheiden sich allerdings nicht nur im Bereich geringer Umformgrade, wo die niedrigen Temperaturen in der Wirkfuge nach Bild 5 ein Reibzahlminimum für Fettstoffe erwarten lassen. Vielmehr deuten die erhaltenen Ergebnisse auf synergistische Auswirkungen des Fettstoffes auf das Grundöl und die übrigen Additive über den gesamten Umformbereich hin.

7.2.1.4 Einsatz von Haftverbesserern

Als weiterer Einfluß auf die Reibzahl wurde die Zugabe von Haftverbesserern geprüft. Es wurden zwei Haftzusätze mit ähnlicher chemischer Struktur, nämlich Polybuten 200 bzw. Polyisobutylen auf Syntheseölbasis verwendet.

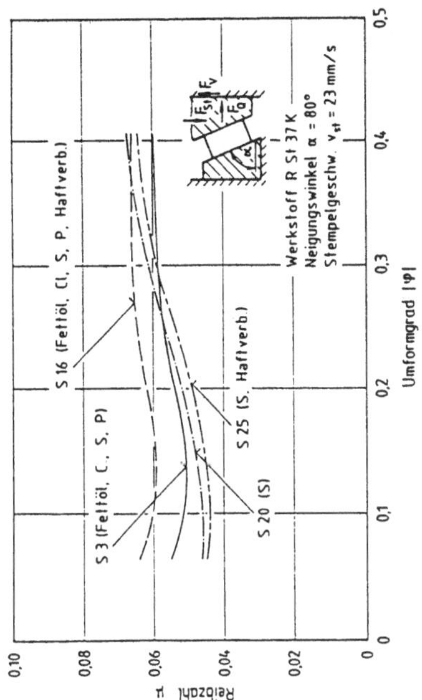

Schmierstoff	Mineralöl in Gew.%	Fettstoff in Gew.%	Cl-Additiv in Gew.%	Ges. Cl-Gehalt in Gew.%	S-Additiv in Gew.%	Ges. S-Gehalt in Gew.%	P-Additiv in Gew.%	Ges. P-Gehalt in Gew.%	Haftverb. in Gew.%	Viskosität in mm²/s
S 3	40	15	20	11	20	6.5	5.0	0.4	-	163
S 16	30	15	20	11	20	6.5	5.0	0.4	10	134
S 19	80	-	-	-	-	1.5	-	0.5	-	156
S 20	80	-	-	-	20	2.2	-	-	-	158
S 24	80	-	-	-	-	1.5	-	0.5	0.5	156
S 25	80	-	-	-	20	2.2	-	-	0.5	158

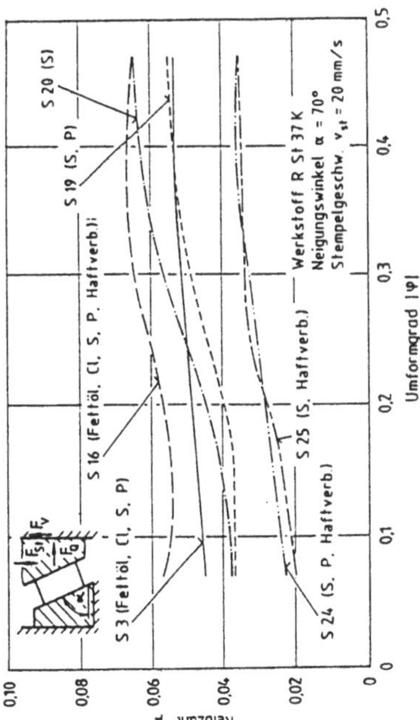

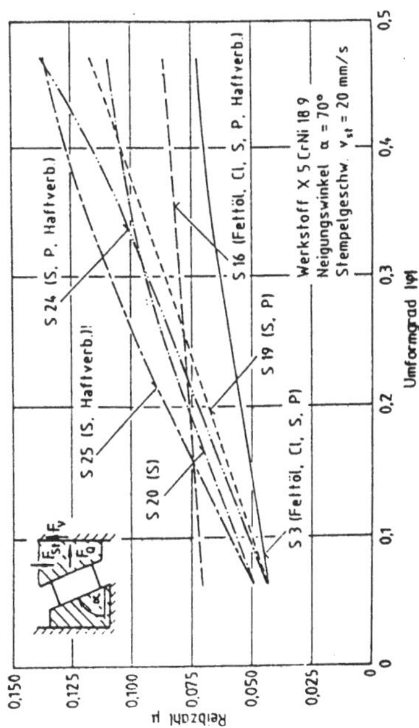

Bild 58: Einfluß von Haftverbesserern auf die Reibzahl beim Schrägstauchen.

Der Schmierstoff S3 (mit Fettöl, Chlor-, Schwefel- und Phosphoradditiv) weist in Bild 58 mittlere Reibzahlen für den Werkstoff R St 37 K, und beim Werkstoff X 5 CrNi 18 9 eine minimale Reibzahl auf. Wird dem Schmierstoff S3 10 % an Polybuten 200 zulegiert (S16), so führt dies in allen drei Darstellungen in Bild 58 zu einer deutlichen Reibzahlerhöhung. Der Zusatz von 10 % Haftverbesserer behindert folglich eindeutig das Ansprechverhalten der übrigen Additive, es liegt eine antagonistische Erscheinung vor.

Der Schmierstoff S25 ergibt sich durch die Zugabe von 0,5 % Polyisobutylen auf Syntheseölbasis aus S20. Beim Werkstoff R St 37 k zeigt der mit Haftverbesserer versehene Schmierstoff S25 für den Neigungswinkel α = 70° eine wesentlich geringere Reibzahl, die Differenz beträgt über dem gesamten Umformgradbereich ungefähr 0,025. Diese bemerkenswerte Senkung der Reibzahl kann nicht ausschließlich auf den Haftverbesserer zurückgeführt werden, hier wirken sicher synergistische Effekte zwischen dem Haftverbesserer und den Additiven mit. Bei R St 37 K und dem Neigungswinkel von α = 80° bedingt der Haftverbesserer ebenfalls, wenn auch in geringerem Maße, eine Senkung der Reibzahl. Ein völlig anderer Sachverhalt ergibt sich für den austeni-tischen Stahl. Hier bewirkt der Haftzusatz in S25 gegenüber S20 eine Reibzahlerhöhung, die umso größer wird, je höher der betrachtete Umformgrad ist. Der Haftverbesserer erfüllt somit seine Aufgabe, eine verbesserte Haftung des Schmierstoffes auf der Werkstückoberfläche zu bewirken, für den Werkstoff X 5 CrNi 18 9 nicht. Selbst dieser geringe Zusatz behindert die Wirkungsweise der übrigen Additive doch beträchtlich.

Schwefel- und Phosphoradditive im Schmierstoff S19 bewirken gegenüber S20 (enthält nur Schwefeladditiv) für den Werkstoff R St 37 K bei α = 70° eine niedrigere Reibzahl. Bei Zugabe von Haftverbesserern zu S19 (dies ergibt S24) zeigt S24 jedoch im Vergleich zu S25 einen ähnlichen Reibzahlverlauf. Der Einsatz eines Haftverbesserers führt hier nicht zu einer Verminderung der Reibzahl in der gleichen Größenordnung. Bei austenitischem Werkstoff verhalten sich die Schmierstoffe S19 bzw. S24 ähnlich wie die mit Haftver-besserer legierten Schmierstoffe S20 und S25.

Die in Bild 58 dargestellten Diagramme erlauben noch eine weitere Interpre-tation: das Ansprechverhalten von Haftverbesserern ist werkstoffabhängig. Bei unlegiertem Stahl führt die Zugabe von 0,5 % Polyisobutylen auf Syntheseölbasis zu einer Verminderung der Reibzahl, während bei höher legiertem Stahl die Reibzahl ansteigt.

7.2.2 Einfluß der Viskosität auf die Reibzahl

Bei den Schmierstoffen S3, S12 und S13 handelt es sich um identisch legierte Schmierstoffe, die durch die Wahl des Grundöles auf verschiedene Viskositäten eingestellt wurden. Das naphtenische Grundöl von S3 und S12 ist in S13 durch ein paraffinisches Grundöl ersetzt. Der Einfluß der Viskosität ist aufgrund der großen Viskositätsdifferenzen der drei Schmierstoffe sicher bedeutender als der des Grundöles.

Nach Bild 59 ergibt sich beim Neigungswinkel $a = 70°$ für die beiden geprüften Werkstoffe die höchste Reibzahl für die größte Viskosität in S13. Mögliche Gründe hierfür sind der durch die hohe Viskosität behinderte Additivtransport an die Werkstückoberfläche, die infolge der hohen Viskosität schlechte Benetzbarkeit der Oberfläche und in geringem Maße wohl auch das verwendete paraffinbasische Grundöl. Die mit $\nu = 50$ mm²/s geringste Viskosität in S12 zeigt eine niedrigere Reibzahl als S13. Die Tragfähigkeit dieses Schmierstoffes bewirkt aufgrund der geringen Viskosität ebenso wie der niedrigere Viskositätsindex sicher nicht dieses gegenüber S13 bessere Verhalten; ausschlaggebend dürfte vermutlich die gute Benetzbarkeit bei geringer Viskosität sein.

Die jeweils niedrigste Reibzahl über dem gesamten Wertebereich für den Umformgrad stellt sich für den Schmierstoff mit mittlerer Viskosität S3 ein. Diese Viskosität weist hinsichtlich Tragfähigkeit des Schmierstoffilmes, Benetzbarkeit der Oberfläche und Transport der Additive zur Werkstückoberfläche bei den hier vorliegenden tribologischen Bedingungen ein Optimum auf.

Beim Neigungswinkel $a = 70°$ ist der Viskositätseinfluß für den unlegierten Stahl auf die Reibzahl geringer als beim austenitischen Stahl. Hier spielt möglicherweise die bei X 5 CrNi 18 9 um den Faktor 2 größere gemittelte Ausgangsrauhtiefe von $R_{zo} = 14,88$ µm gegenüber R St 37 K ($R_{zo} = 7,45$ µm) eine Rolle. Für den austenitischen Werkstoff sowie für R St 37 K beim Neigungswinkel $a = 80°$ ist der Reibzahlverlauf für den Schmierstoff S13 nahezu unabhängig vom Umformgrad; hierfür kann der hohe Viskositätsindex verantwortlich gemacht werden.

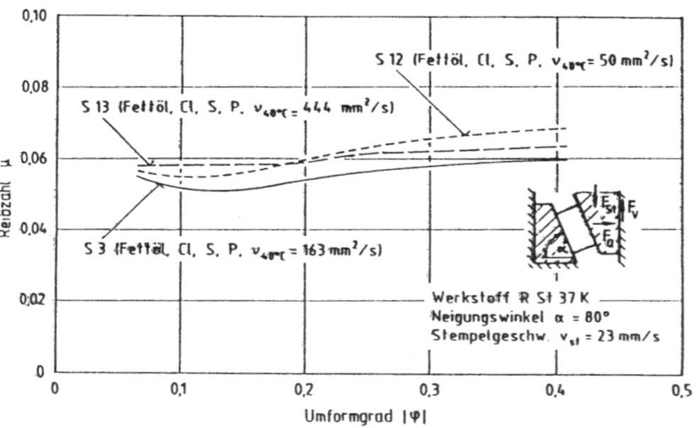

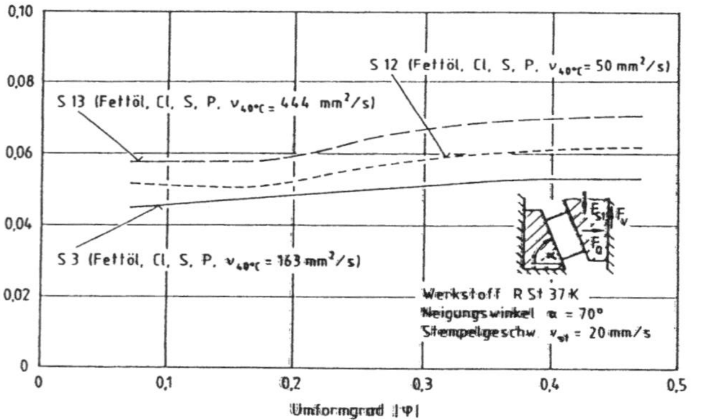

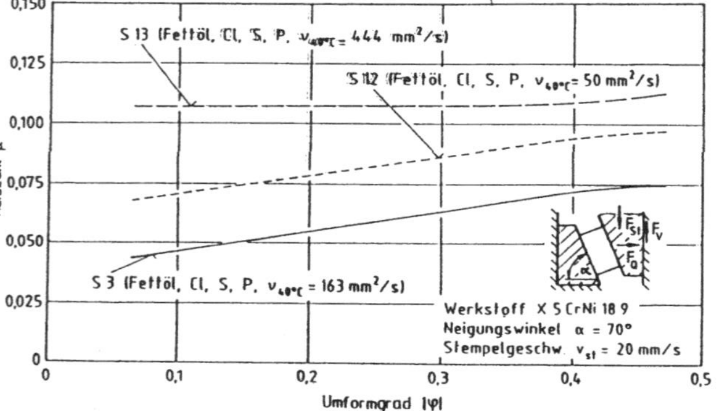

Schmierstoff	Mineralöl in Gew.%	Fettstoff in Gew.%	Cl-Additiv in Gew.%	Ges. Cl-Gehalt in Gew.%	S-Additiv in Gew.%	Ges. S-Gehalt in Gew.%	P-Additiv in Gew.%	Ges. P-Gehalt in Gew.%	Haftverb. in Gew.%	Viskosität in mm²/s
S 3	40	15	20	11	20	6,5	5,0	0,4	–	163
S 12	40	15	20	11	20	6,5	5,0	0,4	–	50
S 13	40	15	20	11	20	6,5	5,0	0,4	–	444

Bild 59: Einfluß der Viskosität auf die Reibzahl beim Schrägstauchen.

Die für den unlegierten Werkstoff bei einem Neigungswinkel α = 80°
geprüften Schmierstoffe zeigen bis zu einem Umformgrad von $\varphi \approx$ 0,2 das
gleiche vorstehend beschriebene Verhalten. Für größere Umformgrade ergibt
zwar die mittlere Viskosität von S3 weiterhin die geringste Reibzahl, S13
weist gegenüber S12 nun geringere Reibzahlen auf. Insgesamt zeigt der
Neigungswinkel α = 80° aufgrund der höheren Relativgeschwindigkeit gegenüber α = 70° einen geringeren Einfluß der Viskosität auf die Reibzahl.

7.2.3   <u>Reibzahl von Wachsen und sonstigen Schmierstoffen</u>

Zum Vergleich der speziell legierten Modellschmierstoffe sind in der Praxis
eingesetzte Schmierstoffe geprüft worden (Bild 60). Für den unlegierten
Werkstoff zeigt das chlorfreie Mineralöl S5 bei den Neigungswinkeln α = 70°
und α = 80° sehr niedrige Reibzahlen, die deutlich unter den vergleichbaren
Schmierstoffen von Bild 55 liegen. Für den austenitischen Werkstoff
hingegen ergeben sich bis zu einem Umformgrad von $\varphi \approx$ 0,25 ähnliche
Ergebnisse wie im Bild 55. Größere Umformgrade führen für S5 zu stark
ansteigenden Reibzahlen, welche durch Kaltverschweißungen am Werkzeug
bestätigt wurden. Die nicht bekannte chlorfreie Additivierung im Schmierstoff S5 eignet sich somit für einen Einsatz bei unlegiertem Stahl, bei
Stählen mit hohem Legierungsgehalt versagt S5 bereits bei kleinen Umformgraden. Hier wird besonders deutlich wie sorgfältig die Additive auf den
Werkstoff abgestimmt werden müssen.

Der Schmierstoff S8 ergibt für den unlegierten Stahl die höchste Reibzahl
aller geprüften Schmierstoffe. Bereits in den Bildern 54 und 55 war zu
erkennen, daß beim Werkstoff R St 37 K ein hoher Additivgehalt ein
günstiges Reibverhalten behindert. Für den Stahl X 5 CrNi 18 9 jedoch führt
ein hoher Chlorgehalt zu geringen Reibzahlen. In Bild 60 wird für den
Schmierstoff S8 und den Werkstoff X 5 CrNi 18 9 hierfür der Beweis erneut
erbracht; im Vergleich zu den übrigen Schmierstoffen zeigt S8 mit steigendem Umformgrad nur eine geringfügig zunehmende Reibzahl die auch bei großen
Formänderungen relativ gering bleibt.

Die Polymerwachse S6 und S7 sowie Bienenwachs ergeben beim Schrägstauchen
sehr kleine Reibzahlen; die auf der Oberfläche ausgehärtete, feste
Schmierfilmschicht bewirkt offenbar eine gute Trennung von Werkzeug und
Werkstück. Beim Neigungswinkel von α = 70° weist das mit Triethanolamin

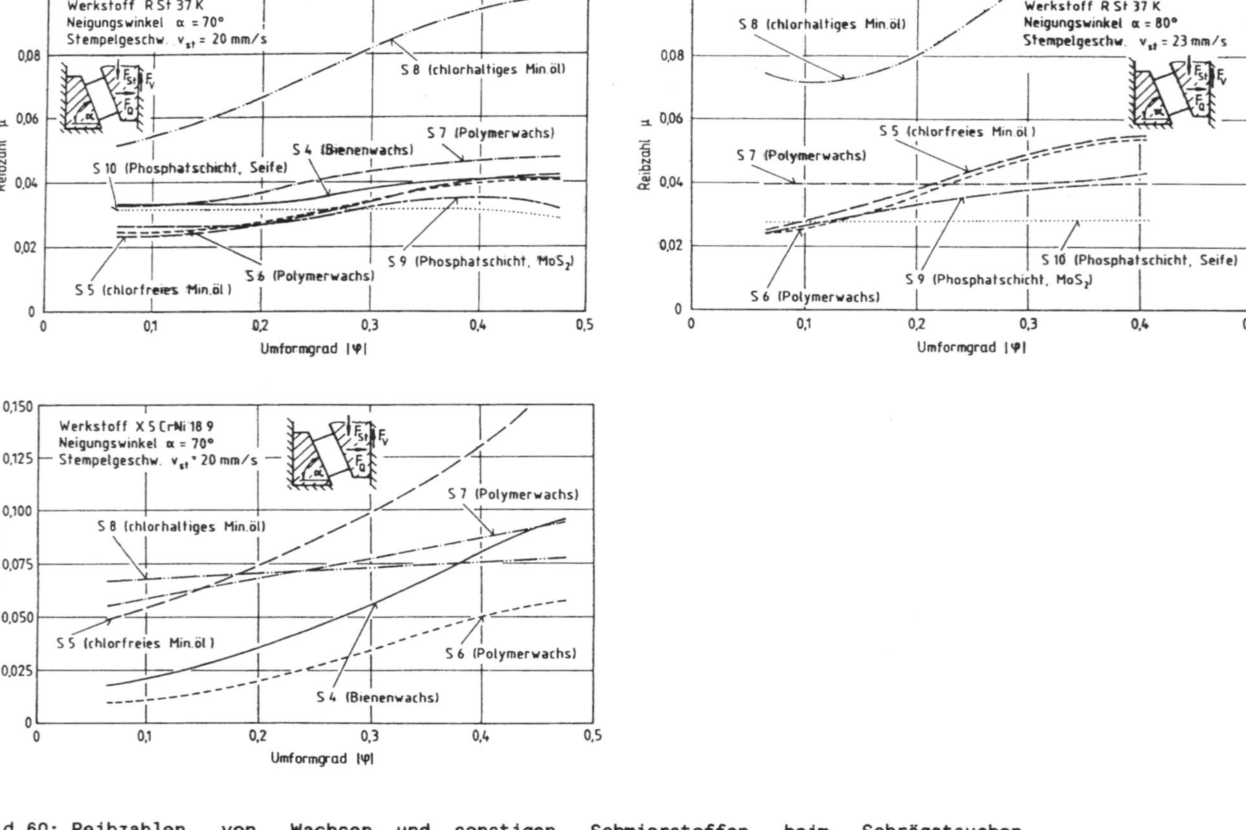

Bild 60: Reibzahlen von Wachsen und sonstigen Schmierstoffen beim Schrägstauchen.

verseifte Polymerwachs die geringste Reibzahl auf. Bienenwachs (S4) führt zu höheren Reibzahlen, die allerdings noch unter den Werten von alkaliverseiftem Polymerwachs (S7) liegen. Der Schmierstoff S7 zeigt beim Werkstoff R St 37 K und dem Neigungswinkel $\alpha = 80°$ infolge geänderter tribologischer Bedingungen in der Umformzone eine über den Umformgrad konstante Reibzahl und ergibt ab dem Umformgrad $\varphi \approx 0,25$ gegenüber S6 eine geringere Reibzahl.

Die beiden geprüften Festschmierstoffe, Seife (S10) und Molybdändisulfid (S9), weisen beim Werkstoff R St 37 K ebenfalls geringe Reibzahlen auf; S10 zeigt für größere Umformgrade die geringsten Reibzahlen aller geprüften Schmierstoffe. Beim Stempelneigungswinkel $\alpha = 70$ ergibt S10 eine vom Umformgrad unabhängige Reibzahl von $\mu = 0,032$. Bis zum Umformgrad $\varphi \approx 0,25$ liegt Molybdändisulfid geringfügig unter diesem Wert; bei größeren Formänderungen stellen sich etwas höhere Reibzahlen ein. Für den Neigungswinkel $\alpha = 80°$ zeigt der Schmierstoff S10 wiederum eine konstante Reibzahl bei einem Wert von $\mu = 0,029$. S9 liefert bei kleinen Umformgraden vergleichbare Reibzahlen, die aber mit steigendem Umformgrad gegenüber S10 zunehmen.

7.2.4 Abhängigkeit der Flächenpressung vom Umformgrad

Sind Querkraft F_Q, Stempelkraft F_{St} und Verlustkraft F_V bekannt, so kann nach Gleichung (4) die beim Schrägstauchen auftretende mittlere Flächenpressung p_m berechnet werden.

Nach Bild 61 ist die mittlere Flächenpressung für den Stahl R St 37 K unabhängig vom Umformgrad; die ermittelten Werte liegen zwischen 790 N/mm^2 und 830 N/mm^2. Für den austenitischen Werkstoff X 5 CrNi 18 9 beträgt die mittlere Flächenpressung für Umformgrade $\varphi > 0,15$ ca. 1050 N/mm^2 bis 1080 N/mm^2. Im Bereich kleiner Umformgrade liegen etwas geringere mittlere Flächenpressungen vor.

Die ermittelten Werte ergeben sich dabei unabhängig vom Neigungswinkel der Stauchstempel, von der Stößelgeschwindigkeit oder vom Schmierstoff. Es ist lediglich ein Einfluß des Werkstückwerkstoffes festzustellen. Aus diesem Grund bietet sich der Schrägstauchversuch zur Ermittlung des Geschwindigkeiteinflusses auf die Reibung beim Stauchen an.

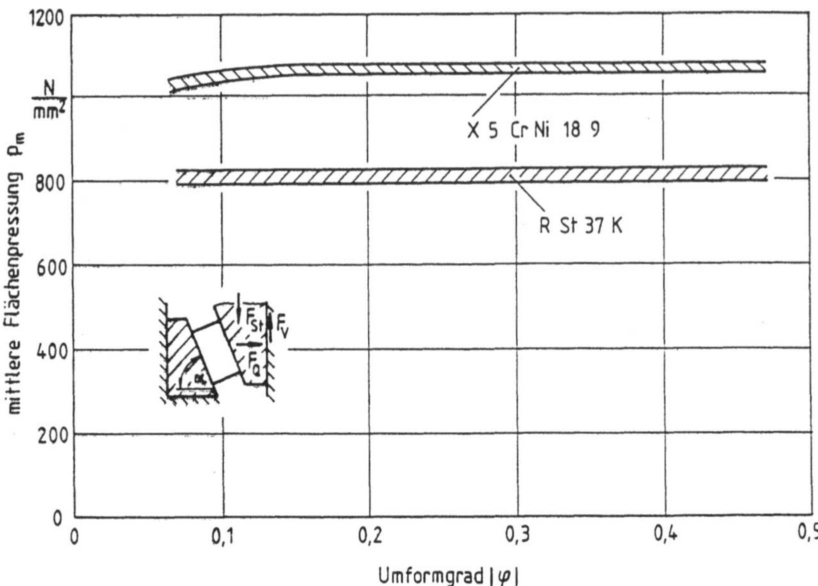

Bild 61: Abhängigkeit der mittleren Flächenpressung vom Umformgrad beim Schrägstauchen.

7.2.5 Einfluß der Geschwindigkeit

Zur Ermittlung des Geschwindigkeitseinflusses wurde die Stößelgeschwindigkeit der hydraulichen Presse verändert. Beim Neigungswinkel $a = 70°$ wurden Geschwindigkeiten von 20 mm/s und 40 mm/s eingestellt. Beim Neigungswinkel $a = 80°$ ist die aufzuwendende Stößelkraft geringer, so daß bei gleicher Einstellung der Presse Geschwindigkeiten von 23 mm/s und 47 mm/s gemessen wurden.

Prinzipiell ergibt sich nach Bild 62, daß im allgemeinen eine Geschwindigkeitserhöhung in der beschriebenen Weise zu einer geringeren Reibzahl führt. Dieses Ergebnis deckt sich mit Angaben in /84, 128, 137/. Für R St 37 K und $a = 70°$ bewirkt eine Verdoppelung der Stößelgeschwindigkeit auf 40 mm/s beim Schmierstoff S3 eine Verringerung der Reibzahl. Eine höhere Abnahme der Reibzahl ist für S14 festzustellen; bei höherer Umformgeschwindigkeit sprechen offensichtlich die Schwefel- und Phosphoradditive besser an. Aus Gründen, die noch näher erläutert werden, bewirkt die hohe

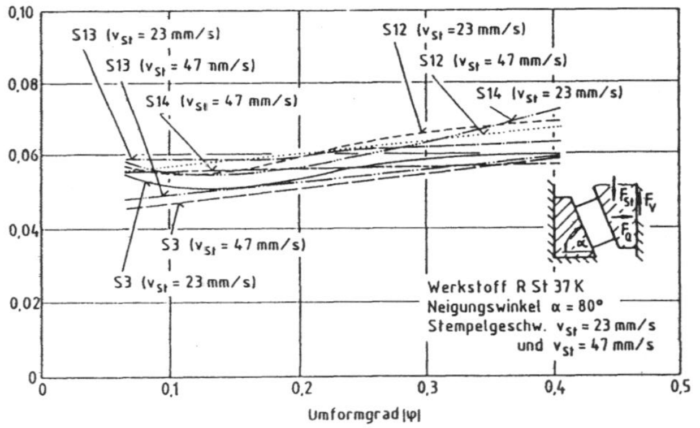

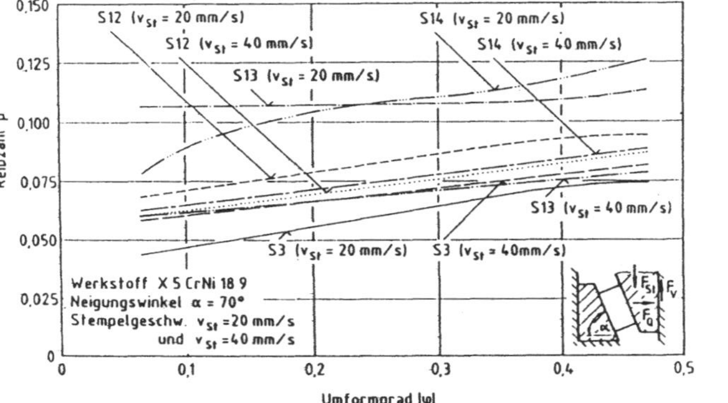

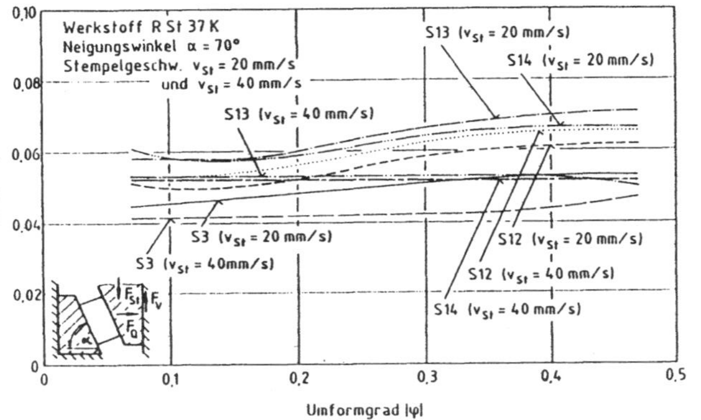

Schmierstoff	Mineralöl in Gew.%	Fettstoff in Gew.%	Cl-Additiv in Gew.%	Ges. Cl-Gehalt in Gew.%	S-Additiv in Gew.%	Ges. S-Gehalt in Gew.%	P-Additiv in Gew.%	Ges. P-Gehalt in Gew.%	Haftverb. in Gew.%	Viskosität in mm²/s
S 3	40	15	20	11	20	6,5	5,0	0,4	–	163
S 12	40	15	20	11	20	6,5	5,0	0,4	–	50
S 13	40	15	20	11	20	6,5	5,0	0,4	–	444
S 14	60	15	–	–	20	6,5	5,0	0,4	–	165

Bild 62: Einfluß der Stößelgeschwindigkeit auf die Reibzahl beim Schrägstauchen.

Viskosität bei S13 ebenfalls eine deutliche Reibzahlsenkung, während S12 mit geringer Viskosität bei einer Geschwindigkeitszunahme zu höheren Reibzahlen führt.

Beim Neigungswinkel $\alpha = 80°$ ist der Einfluß der Geschwindigkeit nicht so ausgeprägt. Die Schmierstoffe S3 und S14 ergeben bei einer Geschwindigkeitszunahme geringfügig bessere Reibzahlen, bei S13 ist die Differenz wiederum deutlicher und S12 zeigt nahezu keinen Einfluß.

Die Schmierstoffprüfung für den Werkstoff X 5 CrNi 18 9 ergab bei einer Erhöhung der Stößelgeschwindigkeit für S13 und S14 deutlich geringere Reibzahlen; für S12 sind sie etwas geringer und bei S3 wird eine Zunahme der Reibzahl bewirkt. Der Schmierstoff S3 weist bei der niedrigen Stößelgeschwindigkeit ganz offensichtlich für diesen Werkstoff bei vorliegendem Additivgehalt und Viskosität sein reibungssenkendes Optimum auf.

Für den beschriebenen Sachverhalt ist im wesentlichen die Hydrodynamik maßgebend /84/. Ein Schmierfilm mit ausreichender Tragfähigkeit baut sich auf, wenn die Schmierstoffviskosität, die Oberflächengeometrie und die Relativbewegung der Oberflächen miteinander harmonieren. Von Bedeutung ist dabei nach /10/ die Schmierstoffviskosität. Auch anhand der in Bild 2 dargestellten Stribeck-Kurve wird deutlich, daß sich die Reibzahl mit höherer Schmierstoffviskosität und Relativgeschwindigkeit der beiden Reibpartner zunehmend in den Bereich der hydrodynamischen Reibung verlagert. Dieser Sachverhalt konnte beim Schrägstauchversuch mit den Schmierstoffen S12 und S13 bestätigt werden. Bei niedrigen Relativgeschwindigkeiten liegen Grenzschmierbedingungen vor; das bedeutet Werkzeug und Werkstück sind im wesentlichen nur durch Reaktions- oder Adsorptionsschichten molekularer Größenordnung voneinander getrennt. Bei einer Erhöhung der Relativgeschwindigkeit bildet sich ein wesentlich dickerer Schmierfilm aus, der infolge seines teilhydrodynamischen Verhaltens zu einem geringeren Flächentraganteil führt /10/.

7.2.6   Oberflächenanalytik

Bei den durchgeführten Oberflächenmessungen wurde wiederum das in Abschnitt 7.1.6.1 beschriebene Oberflächenmeßgerät eingesetzt. An den gestauchten Flächen der Werkstücke wurden jeweils an drei über die Längsachse verteilten Meßstellen gemessen. Die Länge der Meßstrecke betrug jeweils 3 mm. Die in Bild 63 aufgezeichneten Werte sind die aus sechs Meßwerten gebildeten Mittelwerte.

Die Bestimmung der gemittelten Rauhtiefe R_z hat für die geprüften Schmierstoffe gezeigt, daß kein Zusammenhang zwischen gemittelter Rauhtiefe und Schmierstoff bzw. der dem Schmierstoff entsprechenden Reibzahl besteht. Dieser Sachverhalt hat sich unabhängig von Werkstückwerkstoff, Stößelgeschwindigkeit und Stempelneigungswinkel ergeben. Den einzig erkennbaren Einfluß auf die gemittelte Rauhtiefe R_z zeigt die Viskosität, so daß in Bild 63 das Balkendiagramm von vier Schmierstoffen unterschiedlicher Viskosität dargestellt werden kann.

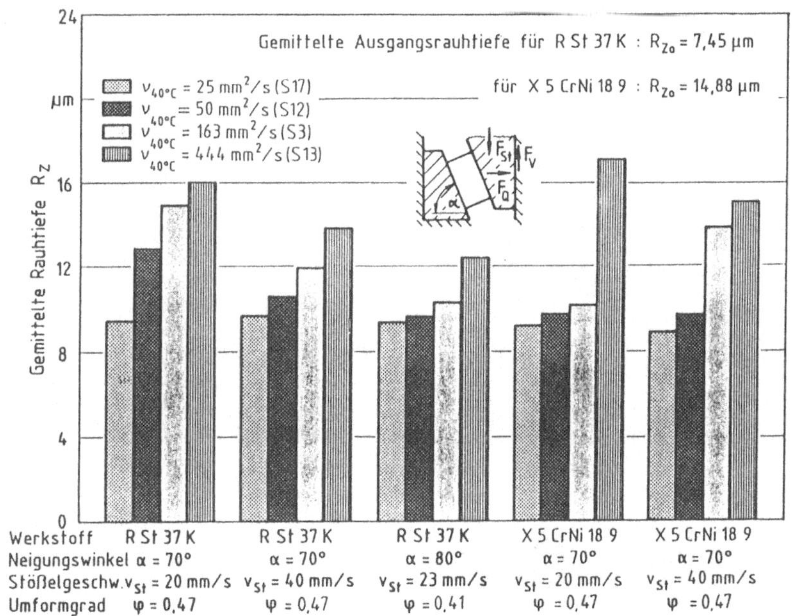

Bild 63: Gemittelte Rauhtiefe in Abhängigkeit von der Viskosität bei Variation von Werkstoff, Neigungswinkel und Stößelgeschwindigkeit.

Nach Bild 63 ergibt sich eine Zunahme der gemittelten Rauhtiefe mit höherer Viskosität des Schmierstoffes. Die Ausgangsrauhtiefe vom Werkstoff R St 37 K war bei den Schrägstauchversuchen für alle variierten Parameter geringer als die sich nach der Umformung einstellende gemittelte Rauhtiefe. Im

Ausgangszustand liegen großflächige, eingeglättete Bereiche vor, die von relativ wenigen Vertiefungen unterbrochen werden (Bild 64). Dabei ergibt sich für die gemittelte Rauhtiefe, die das arithmetische Mittel aus fünf Einzelrauhtiefen darstellt, der gemessenen Wert von Rz $\approx$ 7,5 μm.

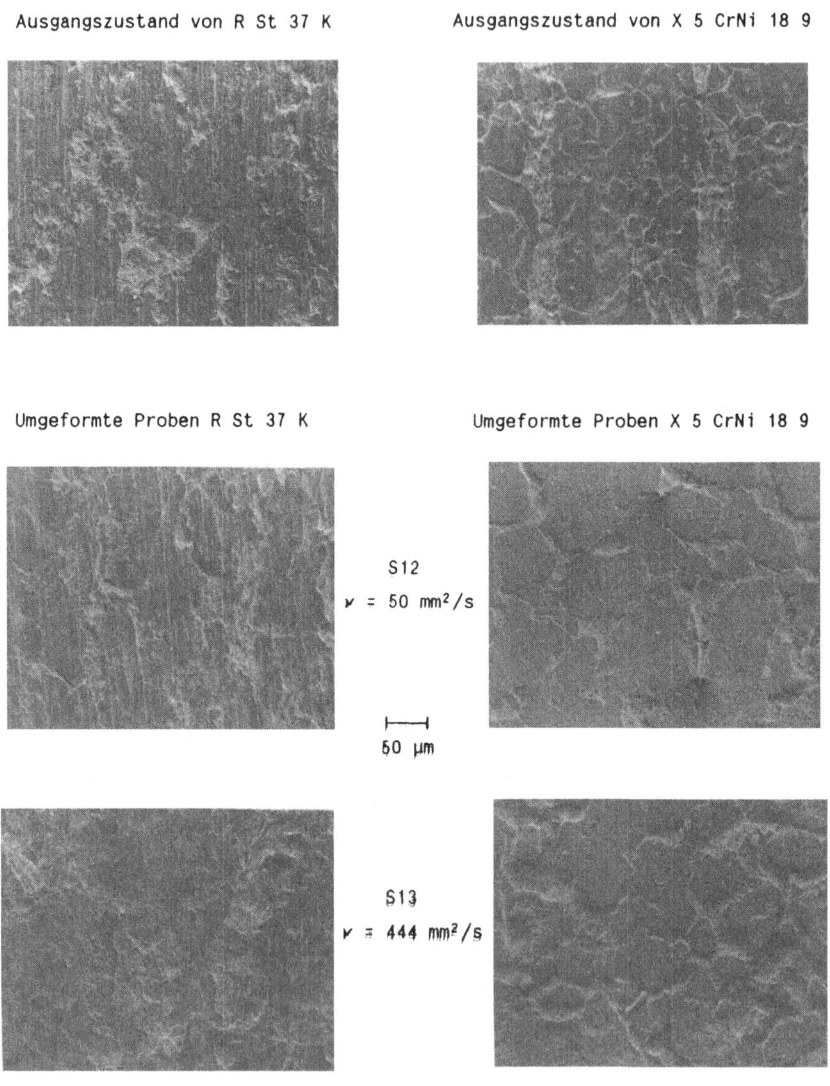

Bild 64: REM-Aufnahmen von Oberflächenzuständen vor und nach dem Schrägstauchen.

Bei der Umformung kann die Bildung eines Schmierstoffpolsters zwischen der Werkzeug- und Werkstückoberfläche dazu führen, daß die Einglättung nicht nur behindert wird, sondern daß darüberhinaus in der Grenzschicht die Voraussetzung für das Auftreten einer freien Umformung geschaffen wird. Dieser Fall kann für den Werkstoff R St 37 K, sowie beim austenitischen Stahl für den Schmierstoff mit der höchsten Viskosität beobachtet werden, wo eine beträchtliche Aufrauhung gegenüber dem Ausgangszustand eintritt (Bild 64). Wiegand und Kloos konnten diesen Sachverhalt ebenfalls nachweisen /138/. Eine Zunahme der Schmierstoffviskosität erzeugt eine höhere Tragfähigkeit des in der Wirkfuge gebildeten Schmierstoffpolsters und bewirkt gegenüber Schmierstoffen geringerer Viskosität eine weitere Aufrauhung der Werkstückoberfläche.

Eine Änderung des Stempelneigungswinkel von $a = 70°$ auf $a = 80°$ bewirkt die Abnahme der gemittelten Rauhtiefe ebenso wie eine Verdoppelung der Stößelgeschwindigkeit für den Werkstoff R St 37 K. Für den austenitischen Werkstoff läßt sich kein Einfluß der Stößelgeschwindigkeit auf die Rauhtiefe nachweisen.

7.3   RINGSTAUCHEN

Beim Ringstauchen wurden dieselben Werkstoffe wie beim Ziehdrücken und Schrägstauchen geprüft. Wie frühere Untersuchungen /31, 120/ gezeigt haben, reagiert die Reibzahl beim Ringstauchversuch empfindlich auf den Zustand der Probenoberfläche. Reproduzierbare Oberflächenzustände wurden durch Fertigen der Proben auf einer CNC-Drehmaschine erreicht. In einem mit Aceton gefüllten Ultraschallbad wurden die Proben vor Versuchsbeginn entfettet; anschließend wurde der Schmierstoff durch Tupfen auf die Probenoberfläche aufgebracht. Da dieses Prüfverfahren im wesentlichen nur zu Vergleichszwecken herangezogen wurde, kamen exemplarisch nur vier Schmierstoffe zur Prüfung.

Die mit den Schmierstoffen S3, S6, S13 und S14 benetzten Proben wurden auf verschiedene Endhöhen gestaucht. Für sehr geringe Höhenabnahmen im Bereich von etwa 0,6 mm lassen sich in Bild 65 hinsichtlich des Innendurchmessers der Proben keine Differenzen feststellen. Für Höhenabnahmen bis auf etwa 5,5 mm (dies entspricht einem Umformgrad von $\varphi \approx 0,2$) ergibt S3 Reibzahlen von $\mu \approx 0,055$, für S6 stellt sich $\mu \approx 0,02$ ein, die Reibzahlen für S13 und

S14 liegen im Bereich von $\mu \approx 0,04$ bzw. $\mu \approx 0,045$. Aufgrund der vorliegenden Streuung der Meßpunkte können genauere Werte nicht angegeben werden.

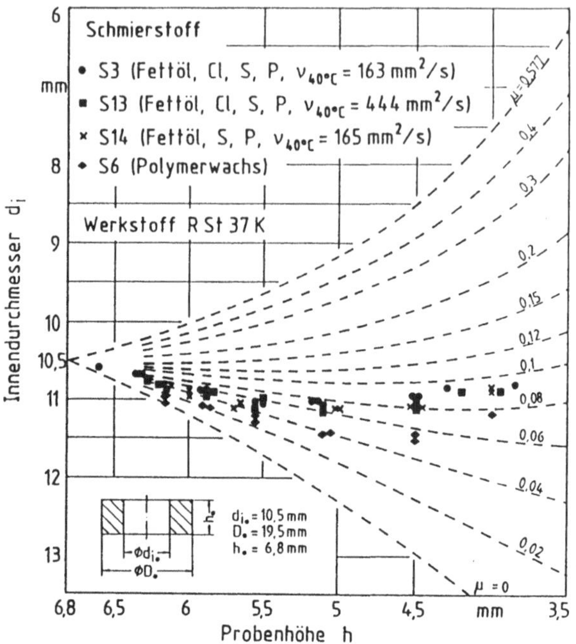

Bild 65: Vergleich der errechneten Abhängigkeit des Innendurchmessers von der Probenhöhe mit Meßwerten beim Ringstauchversuch für den Werkstoff R St 37 K.

Werden die geschmierten Proben auf geringere Höhen gestaucht, so weichen die Meßpunkte vom konstanten Reibzahlverlauf ab und lassen nach Abschnitt 4.1.3 für den Bereich einer Reibzahländerung nur noch eine grobe Abschätzung der Reibzahl zu. Nach Bild 65 zeigen Werkstücke mit Probenendhöhen von weniger als ca. 5,5 mm eine Zunahme des Innendurchmessers, d.h. die Reibzahl steigt an. Um diese neue Reibzahl zu ermitteln, ist für die aktuelle Probengeometrie das Erstellen eines neuen Nomogrammes notwendig.

Für den Schmierstoff S3 in Bild 66 stellen sich bis zu einer Probenendhöhe von etwa 5,5 mm Reibzahlen von $\mu = 0,06$ ein. Der Schmierstoff S13 mit der höchsten Viskosität erzeugt die größte Reibzahl, deren Wert für eine

Probenhöhe bis etwa 5,5 mm zwischen 0,06 und 0,09 streut. Der Schmierstoff S14 weist bis zu einer Probenendhöhe von etwa 5 mm einen relativ konstanten Wert von μ = 0,05 auf und liegt somit unter den Reibzahlen der gechlorten Schmierstoffe. Das Polymerwachs S6 zeigt die geringsten Reibzahlen, die Streuung der Meßpunkte erlaubt aber nicht die Angabe eines konkreten Wertes. Wie bereits in Bild 65 für den Werkstoff R St 37 K, zeigte auch die Prüfung der Schmierstoffe auf austenitischem Stahl für Probenendhöhen ab ca. 5,5 mm eine Abweichung von der konstanten Reibzahl; es stellen sich wiederum höhere Reibzahlen ein.

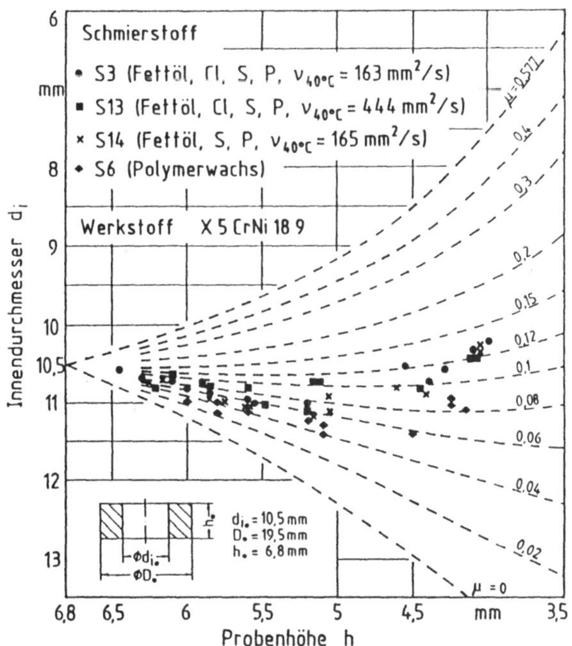

Bild 66: Vergleich der errechneten Abhängigkeit des Innendurchmessers von der Probenhöhe mit Meßwerten beim Ringstauchversuch für den Werkstoff X 5 CrNi 18 9.

7.4   <u>VIERKUGEL-APPARAT</u>

Neben den speziellen Schmierstoffprüfverfahren der Umformtechnik wurden die
eingesetzten Schmierstoffe mit dem Vierkugel-Apparat geprüft. Meßgrößen
waren die Gutkraft sowie die Schweißkraft, bei welcher Fressen und
Verschweißen der Kugeln eintritt.

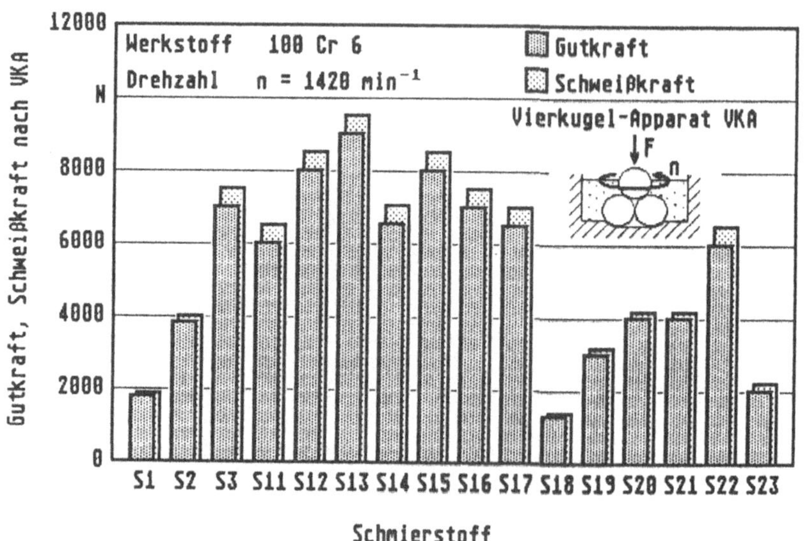

Bild 67: Gut- und Schweißkraft der Modellschmierstoffe bei der Prüfung mit
dem Vierkugel-Apparat.

Bemerkenswert in Bild 67 ist zunächst der niedrigere Wert der Schweißkraft
bei geringem Additivgehalt der Schmierstoffe (S1, S18 und S23). Von den
Schmierstoffen mit einem Additivgehalt bis 20 % (Schmierstoffe S1 und S18
bis S23) ergibt S22 das beste Verhalten. Gegenüber den anderen Additiven in
den niedrig legierten Schmierstoffen zeigt das Dialkylpentasulfid beim
Vierkugel-Apparat das beste Ansprechverhalten.

Ein höherer Gesamtadditivgehalt führt zu einer deutlichen Zunahme der
Schweißkraft. Die Schmierstoffprüfung mit dem Vierkugel-Apparat weist S13
als besten Schmierstoff aus; ebenfalls vergleichsweise hohe Schweißkräfte
ergeben die Schmierstoffe S12 und S15. Das Chlorparaffin geringerer
Stabilisierung in S15 zeigt gegenüber dem hochtemperaturstabilen Chlor-

paraffin in S3 eine höhere Schweißkraft. Das dem Schmierstoff S11 zulegierte Rüböl bewirkt einen schlechteren Kennwert gegenüber dem vergleichbaren, mit Glycerol-Trioleat legierten Schmierstoff S3. Ein Einfluß der Viskosität auf die Schweißkraft ist nicht erkennbar, ebenso wie die Zugabe von 10 % Haftverbesserer in S16 im Vergleich zu S3.

Der VKA liefert als Meßgröße die Schweißkraft. Tritt bei einem Umformvorgang Versagen vornehmlich durch Kaltverschweißen auf, so scheint zunächst eine Prüfung der Schmierstoffe mit dem VKA angebracht zu sein. Hierbei ist allerdings zu berücksichtigen, daß dieses Prüfverfahren die beim Umformen auftretenden Temperaturen und Drücke nicht simulieren kann.

7.5   REIBVERSCHLEIßWAAGE NACH REICHERT

Ein weiteres Prüfverfahren, das beim Schmierstoffhersteller häufig zur Schmierstoffprüfung dient, ist die Reibverschleißwaage nach Reichert. Der bei der Prüfung mit diesem Verfahren erhaltene Kennwert - die spezifische Flächenpressung - ist für die Modellschmierstoffe in Bild 67 aufgezeichnet. Die spezifische Flächenpressung ergibt sich aus Einschliff und Belastung, stellt also eine Verschleißmeßgröße dar.

Die einzelnen Schmierstoffe in Bild 68 weisen bezüglich ihrer spezifischen Flächenpressung wesentliche Unterschiede auf. Sehr geringe Werte ergeben sich für die nur mit Fettstoff legierten Schmierstoffe S1 und S18 sowie für S22 mit Dialkylpentasulfid als Schwefeladditiv. Der Schmierstoff S2 mit Chlorparaffin bewirkt bei der Prüfung mit der Reibverschleißwaage nach Reichert höhere spezifische Flächenpressungen als die mit Chlor-, Schwefel- und Phosphoradditiv formulierten Schmierstoffe S11 bis S15.

Der Schmierstoff S3 zeigt gegenüber dem Chlorparaffin höherer Reaktivität in S15 eine nahezu um den Faktor 2 höhere spezifische Flächenpressung. Der Einsatz von 10 % Haftverbesserer in S16 führt gegenüber S3 zu einer Änderung des Kennwertes. Die Schmierstoffe mit geringerem Additivgehalt (S19, S20, S21, S23) weisen spezifische Flächenpressungen auf, wie sie sich auch für höhere Additivgehalte ergeben. Insbesondere der nur 5 % Dialkyldithiophosphat enthaltende Schmierstoff S23 liefert von allen geprüften Schmierstoffen den höchsten Wert der spezifischen Flächenpressung. Ein Einfluß von Viskosität oder Grundöl auf die spezifische Flächenpressung ist nicht zu erkennen.

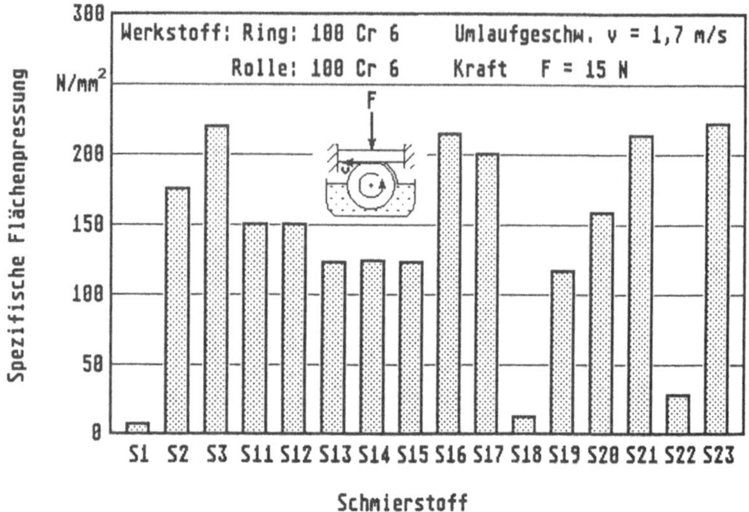

Bild 68: Spezifische Flächenpressung der Modellschmierstoffe bei der Prüfung mit der Reibverschleißwaage nach Reichert.

8   VERGLEICH DER PRÜFVERFAHREN

8.1   PRÜFVERFAHREN DER KALTMASSIVUMFORMUNG

Die beiden Schmierstoffprüfverfahren Ziehdrücken und Schrägstauchen eignen
sich zur Prüfung von Schmierstoffen für die Kaltmassivumformung. Sie weisen
gegenüber anderen Verfahren Vorteile auf. Ihre Anwendbarkeit ist jedoch
auch begrenzt, teils durch das Verfahren selbst, teils durch betriebliche
Gegebenheiten wie z.B. die verfügbaren Pressen und Meßeinrichtungen.

Eine Vielzahl von Einflußgrößen auf das tribologische System ist bei einem
Vergleich verschiedener Prüfverfahren zu beachten. Art und Größe der
Belastung, Werkstoffe und Geschwindigkeiten sind ebenso zu berücksichtigen
wie Oberflächenzustand, Temperatur und Geometrie der Umformzone. Dies
beeinträchtigt die Übertragbarkeit von Modellversuchsergebnissen auf reale
Umformvorgänge.

Beim Ziehdrücken lassen sich gegenüber dem Schrägstauchen höhere Flächenpressungen, höhere Umformgrade und damit auch höhere Oberflächenvergrößerungen erzielen. Das Ziehdrücken bietet daher hinsichtlich seiner Aussagefähigkeit für die Kaltmassivumformung Vorteile. Als Nachteile im Vergleich
zum Schrägstauchen sind der größere zeitliche und finanzielle Aufwand bei
der Probenherstellung und Versuchsdurchführung zu sehen, sowie die Fer-
tigungskosten für das Ziehdrückwerkzeug. Die größere Nennkraft und insbesondere der benötigte Arbeitsraum der Presse, der im allgemeinen nur bei
Pressen größerer Bauart zur Verfügung steht, sind weitere Nachteile.

Bei einem Vergleich der beiden Schmierstoffprüfverfahren ist ferner der
Oberflächenzustand der Werkzeuge zu berücksichtigen; beim Ziehdrücken waren
die Aktivwerkzeuge mit TiC/TiN beschichtet, beim Schrägstauchen wurde
gehärteter, unbeschichteter Werkzeugstahl eingesetzt. Bei beiden Versuchen
wurden dieselben Werkstückwerkstoffe verwendet, die sich in der Fließspannung und ihrem Oberflächenzustand unterschieden.

Beim Ziehdrücken ergeben sich während des Umformens auf der Werkstückoberfläche wesentlich höhere Temperaturen als beim Schrägstauchen. So zeigt der
Werkstoff R St 37 K für das Ziehdrücken (Bild 20) beim Umformgrad $\varphi = 0,2$
bereits eine Temperatur von ca. 80 °C, während sich beim Schrägstauchen bei
diesem Umformgrad erst ca. 35 °C eingestellt haben. Die maximale Temperatur

beim Schrägstauchen liegt bei etwa 90 C für φ = 0,47; beim Ziehdrücken
werden bei diesem Umformgrad etwa 140 °C erreicht. Für diese Temperaturdif-
ferenz ist im wesentlichen das Verhältnis von Werkstück- zu Werkzeuggröße
verantwortlich. Die beim Schrägstauchen eingesetzten Proben führen einen
beträchtlichen Anteil an Wärme in die gegenüber der Probe wesentlich
größeren Stauchstempel ab. Beim Ziehdrücken weisen im Vergleich zum Schrägstauchen zum einen das Werkstück größere und die Ziehbacken kleinere
Abmessungen auf, zum andern dauert der Umformvorgang wesentlich länger, so
daß die Ziehbacken sich beim Umformen zunehmend erwärmen und die Temperatur
in der Wirkfuge ansteigt.

Die sich auf der Werkstückoberfläche einstellende Temperatur ist von
Bedeutung für das Ansprechverhalten der Additive. Mit steigender Temperatur versagen zwar die Fettstoffe, dafür werden aber Temperaturbereiche
erreicht, bei denen der Schichtbildungsmechanismus der Additive ausgelöst
wird. Die beim Ziehdrücken höheren Temperaturen dürften damit zu einer
besseren Wirksamkeit der Schmierstoffadditive führen.

Flächenpressung, Oberflächenvergrößerung, Umformgeschwindigkeit, Temperatur
und Oberflächenzustand sind für die Höhe der Reibzahl maßgeblich. Diese
Einflußgrößen führen beim Schrägstauchen zu geringeren Reibzahlen für den
Werkstoff R St 37 K im Vergleich zu X 5 CrNi 18 9. Beim Ziehdrücken weist
der austenitische Stahl X 5 CrNi 18 9 gegenüber R St 37 K geringere
Reibzahlen auf. Für das Ziehdrücken stellt sich für alle Schmierstoffe ab
einem Umformgrad von $\varphi \approx 0,5$ eine Zunahme der Reibzahl ein. Dieser
Umformgrad konnte beim Schrägstauchen nicht erreicht werden. Beim Schräg-
stauchen von austenitischem Stahl dürfte insbesondere das Auftreten von
Kaltverschweißungen auf dem nicht beschichteten Werkzeug zu den bei einigen
Schmierstoffen beobachteten relativ hohen Reibzahlen geführt haben. Von
Interesse ist daher weniger ein Vergleich der absoluten Werte der Reibzahl
der beiden Prüfverfahren für den jeweiligen Schmierstoff, sondern das
Verhalten der Schmierstoffe und Additive bei den oben erwähnten unter-
schiedlichen tribologischen Bedingungen bei den Prüfverfahren.

Ein Vergleich der Bilder 25 bis 28 für das Ziehdrücken mit den Bildern 54
und 55 für das Schrägstauchen erlaubt eine Interpretation des Ansprechver-
haltens verschiedener Additive und Additivkombinationen. Unabhängig vom
Prüfverfahren ergeben sich für niedrig legierte Schmierstoffe bei kleinen
Umformgraden geringe Reibzahlen; ferner bewirkt der Einsatz von Chlor beim

Umformen von austenitischem Stahl eine deutliche Reibzahlsenkung. Während beim Ziehdrücken S15 (enthält u.a. Chlorparaffin geringer Stabilität) zu minimalen Reibzahlen führt, zeigt beim Schrägstauchen S3 (enthält u.a. hochtemperaturstabiles Chlorparaffin) die geringsten Werte. Hierfür sind unbekannte, in der Wirkfuge ablaufende Prozesse verantwortlich. Die mit Fettstoff, Schwefel- und Phosphoradditiven legierten Schmierstoffe S14 und S19 bis S23 zeigen beim Vergleich der Ergebnisse der beiden Prüfverfahren ebenfalls Unterschiede, die aus den in der Umformzone herrschenden Bedingungen (insbesondere höhere Temperaturen und Drücke) und damit dem Ansprechverhalten der Additive resultieren.

Während beim Schrägstauchen Paraffinöl gegenüber Naphtenöl zu höheren Reibzahlen (Bild 56) führt, ergibt Paraffinöl beim Ziehdrücken erst ab einem Umformgrad von $\varphi > 0,6$ höhere Zahlenwerte als Naphtenöl (Bilder 29 und 30). Auch bei einer Variation des Fettstoffes zeigt sich ein ähnliches Ergebnis: beim Schrägstauchen bewirkt Rüböl in S11 gegenüber Glycerol-Trioleat in S3 eine geringfügig höhere Reibzahl (Bild 57), während beim Ziehdrücken Glycerol-Trioleat zu höheren Reibzahlen führt (Bilder 31 und 32).

Der Zusatz von 10 % Haftverbesserer in S16 bewirkt bei beiden Prüfverfahren und Werkstoffen eine Reibzahlerhöhung. Ebenfalls unabhängig vom Schmierstoffprüfverfahren und Werkstoff stellen sich bei Zugabe von 0,5 % Haftverbesserer zu S19 (dies ergibt S24) geringere Reibzahlen ein. Im Vergleich zu S20 zeigt S25 mit 0,5 % Haftzusatz beim unlegierten Werkstoff für beide Prüfverfahren ebenso eine verminderte Reibzahl wie für den austenitischen Stahl beim Ziehdrücken; lediglich beim Schrägstauchen des Werkstoffes X 5 CrNi 18 9 bewirkt der Haftzusatz in S25 eine Verschlechterung des Reibverhaltens.

Der Schmierstoff mit der höchsten Viskosität zeigt unabhängig vom Prüfverfahren und Werkstoff die geringste Abhängigkeit von der Reibzahl, hat aber bis zu mittleren Umformgraden auch die höchste Reibzahl. Bis in den Bereich mittlerer Umformgrade ist der Einfluß der Viskosität auf die Reibzahl verfahrensabhängig; beim Ziehdrücken liefert eine mittlere Viskosität, beim Schrägstauchen die geringste geprüfte Viskosität eine minimale Reibzahl.

Neben den Verfahren des Ziehdrückens und Schrägstauchens wurde als weiteres Schmierstoffprüfverfahren der Kaltmassivumformung exemplarisch das Ring-

stauchen angewandt. Da es sich hierbei ebenfalls um ein Schmierstoffprüfverfahren durch Stauchen handelt, bietet sich ein Vergleich mit dem
Schrägstauchen an.

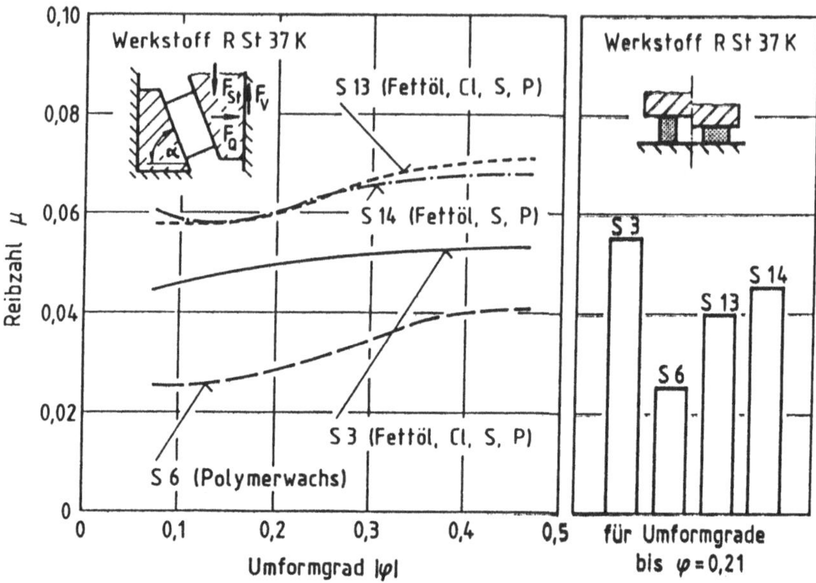

Bild 69: Vergleich der Reibzahlen aus Ringstauch- und Schrägstauchversuch
für den Werkstoff R St 37 K.

In Bild 69 sind für den Werkstoff R St 37 K die Reibzahlen aus dem
Ringstauchversuch aus den gemittelten Werten nach Bild 65 aufgetragen.
Infolge der Reibzahländerung bei größeren Formänderungen können beim
Ringstauchen nur Reibzahlen bis zum Umformgrad φ ≈ 0,21 angegeben werden.
Größere Formänderungen ergeben, wie auch beim Schrägstauchen, höhere
Reibzahlen.

Die Reibzahl nach den beiden Prüfverfahren stimmt für das Polymerwachs
nahezu überein. Für die Mineralölschmierstoffe treten dagegen Unterschiede
auf, mit Ausnahme von Schmierstoff S3 stellen sich beim Ringstauchen
geringere Reibzahlen als beim Schrägstauchen ein. Die etwas höhere Reibzahl
bei S14 gegenüber S3 beim Schrägstauchen ergibt sich allerdings auch für
das Ringstauchen.

Beim austenitischen Werkstoff (Bild 70) konnten beim Ringstauchen etwas größere Höhenabnahmen vor Eintritt der Reibzahländerung erreicht werden. Wiederum mit Ausnahme von S3 weisen beide Schmierstoffprüfverfahren für das Polymerwachs die geringste, für S14 eine mittlere sowie für S13 die höchste Reibzahl auf.

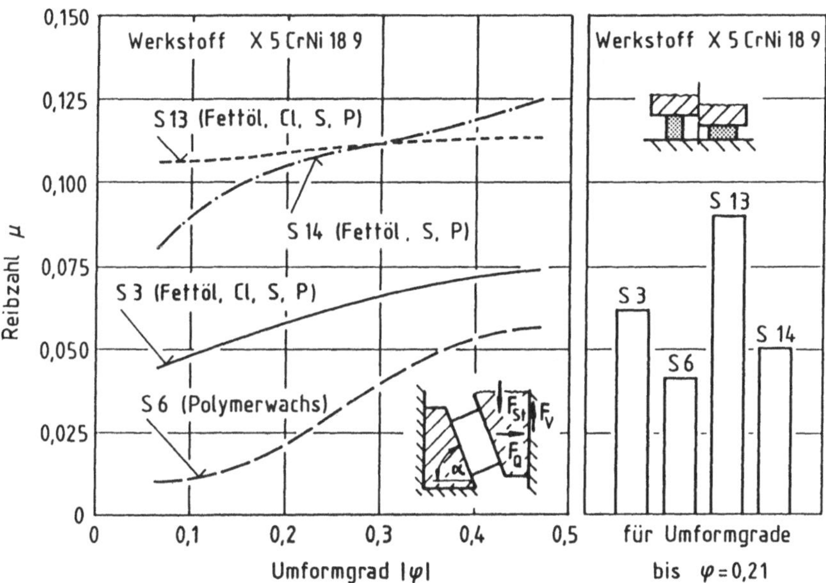

Bild 70: Vergleich der Reibzahlen aus Ringstauch- und Schrägstauchversuch für den Werkstoff X 5 CrNi 18 9.

Zusammenfassend läßt sich bemerken, daß sich die unterschiedlichen Reib- und Schmierverhältnisse der einzelnen Verfahren deutlich auf die Kennwerte auswirken. Dies äußert sich im unterschiedlichen Ansprechverhalten der Additive. Folglich kann es für die Kaltmassivumformung nicht "das" Schmierstoffprüfverfahren geben. Die aufgezeigten Unterschiede zwischen den Prüfverfahren Ziehdrücken und Schrägstauchen bestätigen diese Aussage. Ein Vergleich von Schrägstauchen und Ringstauchen ergibt zwar nicht identische Reibzahlen, doch zeigt ein Vergleich der Schmierstoffe für die beiden Stauchverfahren untereinander im wesentlichen ähnliche Ergebnisse auf unterschiedlichem Reibzahlniveau.

8.2   <u>VERGLEICH ALLER DURCHGEFÜHRTEN PRÜFVERFAHREN</u>

Die Hersteller von Schmierstoffen bedienen sich hauptsächlich einfacher
Prüfverfahren wie Vierkugel-Apparat oder Reibverschleißwaage nach Reichert.
Diese Prüfverfahren haben den Vorteil einfacher Durchführbarkeit und der
Verfügbarkeit der genormten käuflichen Vorrichtung. Entscheidende Nachteile
sind die Beschränkung auf bestimmte Werkstoffe und das Fehlen jeglicher
Übereinstimmung der tribologischen Bedingungen mit den Umformverfahren. So
ist beim Vierkugel-Apparat die Freßlast und bei der Reibverschleißwaage
nach Reichert der Verschleiß die entscheidende Kenngröße.

Ein Vergleich der Schmierstoffprüfung mit dem Vierkugel-Apparat (Bild 67)
und der Reibverschleißwaage nach Reichert (Bild 68) zeigt völlig unterschiedliche Ergebnisse. Während beispielsweise der Schmierstoff S23 bei der
Reibverschleißwaage nach Reichert den geringsten Verschleiß ergibt, führt
dieser Schmierstoff beim Vierkugel-Apparat bei minimalen Kräften bereits
zum Verschweißen der Prüfkugeln. Lediglich die nur Fettstoff enthaltenden
Schmierstoffe S1 und S18 zeigen für beide Prüfverfahren im Vergleich zu den
übrigen Schmierstoffen ein ähnlich schlechtes Verhalten.

Die in Abschnitt 8.1 erläuterten Erkenntnisse lassen einen Vergleich diese
beiden Laborprüfverfahren mit den vorgestellten Schmierstoffprüfverfahren
der Umformtechnik nicht sinnvoll erscheinen. Wie auch in /139, 140/
erläutert, ist es nicht zulässig, die mit Schmierstoff-Laborprüfgeräten wie
Vierkugel-Apparat oder Reibverschleißwaage nach Reichert gewonnenen Erkenntnisse auf eine Qualitäts- oder Gebrauchsprüfung der Schmierstoffe für
die Kaltmassivumformung zu übertragen. Diese Übertragung würde auch nach
den eigenen Untersuchungen zu falschen Schlußfolgerungen führen.

Das Ziehdrücken vermag die Umformbedingungen beim Ziehen, Verjüngen und Abstreckgleitziehen ungefähr zu simulieren. Durch die gegenüber den Ziehverfahren deutlich höheren Oberflächenvergrößerungen können auch die Verhältnisse beim Hohl-Vorwärts-Fließpressen besser nachgebildet werden. Als einziges Schmierstoffprüfverfahren mit annähernd konstanter Relativgeschwindigkeit in der Wirkfuge ist das Schrägstauchen bekannt. Es eignet sich zur Untersuchung des Geschwindigkeitseinflusses für Umformverfahren mit großen hydrodynamischen bzw. hydrostatischen Schmieranteilen.

Wegen der nicht genau bekannten Kennwerte werden häufig für die Reibzahl bei Berechnungen grobe Schätzwerte angenommen. Dieser Zustand ist unbefriedigend, vor allem bei der Simulation von Umformvorgängen. Prüfverfahren erlauben die Messung der Reibzahl mit den hierbei auftretenden Meßfehlern und unter Berücksichtigung des Modellcharakters. Eine zuverlässige Berechnung der Reibzahl dürfte auch in Zukunft aufgrund der Vielzahl an Parametern, die untereinander in Wechselwirkung stehen, schwer zu realisieren sein.

Aus zeitlichen, finanziellen und betrieblichen Gründen kann eine Prüfung des Schmierstoffes im Fertigungsprozeß nur die letzte Möglichkeit einer Schmierstoffentwicklung sein. Solange es sich um Grundlagenuntersuchungen oder um Versuche zur Vorauswahl und um Kontrollprüfungen (z. B. Viskosität, Stockpunkt, Flammpunkt usw.) handelt, mag der Einsatz von Laborprüfgeräten zumindest als Ergänzung zu anderen Untersuchungsmethoden durchaus gerechtfertigt sein. Wegen der gegenüber den realen Umformvorgängen völlig andersartigen Bedingungen wie unterschiedlicher Flächenpressung, Oberflächenvergrößerung, Umformgeschwindigkeit, Temperatur usw., ist es aber nicht zulässig, aus Laborprüfungen auf das Verhalten des Schmierstoffes in der Praxis zu schließen.

Wie die vorliegende Untersuchung gezeigt hat, sind hierzu Schmierstoffprüfverfahren der Umformtechnik wesentlich besser geeignet. Die bei den verschiedenen Prüfverfahren auftretenden unterschiedlichen Belastungen lassen ein vom Prüfverfahren abhängiges Ansprechverhalten erkennen. Daher sollte der Schmierstoff im Modellversuch möglichst denselben oder ähnlichen Belastungen wie im realen Umformvorgang ausgesetzt sein. Wie immer wieder in der Praxis bestätigt wird, können die Schmierstoffprüfverfahren den für einen speziellen Umformvorgang optimalen Schmierstoff aufzeigen oder, im ungünstigen Fall, zumindest eine Vorauswahl der Schmierstoffe zulassen. Für den letztgenannten Fall kann nur der Praxisversuch den bestmöglichen Schmierstoff nachweisen.

Neben der Art des Additives ist auch die Konzentration für die reibungssenkende Eigenschaft entscheidend. Bei kleinen Formänderungen führen nur mit Fettstoff legierte Grundöle zu geringeren Reibzahlen als Schmierstoffe mit Fettstoff, Chlor-, Schwefel- und Phosphoradditiven. Für diesen Fall lassen sich Kosten bei Beschaffung und Entsorgung der Schmierstoffe einsparen. Beim Umformen unlegierter Stähle eignen sich chlorfreie und chlorhaltige Schmierstoffe bis zu einem mittleren Umformgrad gleichermaßen. Bei größeren Umformgraden weisen die chlorfreien Produkte zunächst ein ausgeprägtes Reibzahlmaximum auf, weiter steigende Umformgrade ergeben wieder geringere Reibzahlen. Neuere Entwicklungen von Additiven auf Schwefelbasis können dieses Reibzahlmaximum, welches üblicherweise von Chloradditiven abgedeckt wird, für unlegierte Stähle verhindern. Beim Umformen von austenitischem Stahl sind aber auch diese Additive überfordert; eine Zugabe von Chloradditiven zu den Schmierstoffen bewirkt eine deutliche Senkung der Reibzahl.

Die geringsten Reibzahlen der geprüften Schmierstoffe bei unlegiertem Stahl ergeben Molybdändisulfid und Seife auf einer Phosphatschicht. Diese Kenntnis führt zum häufigen Einsatz dieser Festschmierstoffe in der Praxis. Polymerwachse auf unbehandelter Werkstückoberfläche ergeben nahezu ähnlich niedrige Reibzahlen, mit dem Vorteil, daß die Auftragung und Entfernung der Phosphatschicht entfällt. Mineralöle auf nicht phosphatierten Oberflächen führen gegenüber diesen Schmierstoffen zu höheren Reibzahlen. Die unmittelbare Anwendung der vorliegenden Ergebnisse scheint insbesondere beim Umformen auf Mehrstufenpressen interessant zu sein, da die vom Bund getrennten Werkstücke an den Stirnflächen unbehandelt sind. Diese Stirnflächen werden üblicherweise vor dem Umformen mit Mineralölschmierstoffen benetzt. Der gezielte Einsatz eines solchen Mineralöles kann damit beispielsweise zu höheren Werkzeugstandzeiten und besseren Oberflächenzuständen führen.

Durch die Wahl des Schmierstoffes können Oberflächenkennwerte gezielt eingestellt werden. So ist es denkbar, bei einer mehrstufigen Umformung einen Schmierstoff einzusetzen, der zu möglichst geringem Flächentraganteil führt. Damit liegen bei der nachfolgenden Umformstufe Oberflächenzustände vor, die die Ausbildung hydrostatischer oder hydrodynamischer Bereiche fördern. Wird hingegen ein Werkstück mit geringen Rauhtiefen gefordert, so kann ein Schmierstoff gewählt werden, der neben einer höheren Reibzahl vor allem die geforderte Einebnung der Oberfläche erfüllt.

Ein kostengünstiger Schmierstoff ist für die Metallbearbeitung besonders interessant, da ein hoher Anteil des Schmierstoffes mit dem Werkstück aus dem Fertigungsprozeß hinausgetragen wird. Der Preis einer Schmierstofformulierung richtet sich nach Art und Gehalt der Additive. Am preiswertesten sind Phosphoradditive; Fettstoff und Chlorparaffine weisen um den Faktor 2, Schwefeladditive in etwa um den Faktor 3 höhere Kosten auf. Gemessen an der Wirksamkeit zeigen Chlorparaffine das beste Preis-Leistungs-Verhältnis.

Das Problem von gechlorten Schmierstoffen liegt in den Kosten der Entsorgung. Die Entsorgungskosten dieser Öle sind je nach Chlorgehalt in verschiedene Kategorien gestaffelt. Für hochbelastete Öle ergeben sich Entsorgungskosten, die ein Mehrfaches des Anschaffungspreises betragen können. Gelingt es, bei der Umformung mit niedrigen Chlorgehalten auszukommen, so können damit erhebliche Kosteneinsparungen verbunden sein. Insbesondere beim Umformen höher legierter Stähle scheint hierfür eine Wirtschaftlichkeitsberechnung bzw. eine Kosten-Nutzen-Analyse interessant zu sein. Neben dem kostengünstigen Bezug von gechlorten Schmierstoffen sind weitere Vorteile wie geringer Werkzeugverschleiß, hohe Maschinenauslastung, bessere Oberflächengüte des Werkstückes sowie ein ausgeprägter Synergismus zu Schwefeladditiven zu erwähnen. Als Nachteil sind nur die hohen Entsorgungskosten zu nennen. Dieser Entwicklung scheinen inzwischen auch Industriebetriebe zu folgen. Zunehmend werden wieder bei schwierigen Umformvorgängen die chlorfreien Produkte durch den Mineralölschmierstoff ersetzt, welcher mit möglichst geringem Chlorgehalt gute Ergebnisse liefert.

Für eine genaue Kenntnis der in der Wirkfuge ablaufenden Vorgänge ist die Temperatur im Umformbereich von Bedeutung. Eine weitere Verbesserung der Aussagefähigkeit der Modellversuche hinsichtlich der Kaltmassivumformung erfordert die Nachbildung produktionsähnlicher Temperaturverhältnisse. Eine im Dauerhub sich einstellende stationäre Werkzeugtemperatur kann durch Vorheizen der Aktivwerkzeuge simuliert werden. Inwieweit sich damit Blitztemperaturen erfassen lassen und inwiefern sich diese im Mikrobereich auftretenden Temperaturen überhaupt auf den Reaktionsschichtbildungsmechanismus auswirken, bleibt noch zu klären. Möglicherweise vermag die physikalische Oberflächenanalytik hier neue Erkenntnisse zu bringen. So könnten beispielsweise mit der Elektronenspektroskopie für die chemische Analyse (ESCA) die infolge der Umformung entstandenen Reaktionsprodukte nachgewiesen werden, möglicherweise auch Bereiche der Blitztemperatur. Aus den Reaktionsverbindungen lassen sich dann Rückschlüsse auf die Oberflächentemperaturen ziehen.

Für solche grundlegenden Untersuchungen sind neue Prüfmethoden zu entwickeln. Hierfür sind Prüfverfahren zu konzipieren, die die umformtechnischen Belange berücksichtigen. Solch ein Verfahren würde die intensive Bearbeitung einzelner Parameter wie z. B. die Variation eines Additivtyps erleichtern. Ferner dürfte die Klärung des Viskositätsverhaltens von Schmierstoffen unter Einwirkung von Druck und Temperatur für die Praxis relevante Erkenntnisse bringen.

Abschließend sei nochmals erwähnt, daß mit dem Schmierstoff gezielt Umformkraft, Oberflächenzustand des Werkstückes und Werkzeugverschleiß beeinflußt werden kann. Manche Umformverfahren sind durch die Wahl eines geeigneten Schmierstoffes erst durchführbar. Der Umformvorgang kann nicht losgelöst von Werkzeug- und Werkstückfragen betrachtet werden, der Schmierstoff ist hier in ähnlicher Wertigkeit wie Werkzeug und Werkstück zu berücksichtigen. Natürlich liegt in der konstruktiven Auslegung insbesondere der Aktivwerkzeuge das höhere Einsparungspotential.

<u>ANHANG</u>

Nr.	Bezeichnung des Gerätes bzw. der Maschine	Prüfkörper									
		Form und Anordnung	Art	Schmierung	Berührung	Werkstoff-Kennzeichnung	Werkstoff-zustand	Gefüge bzw. GRR	Härte bzw. Festigkeit	Oberflächen-Zustand (Rauhtiefe)	Bemerkungen
		A. Prüfverfahren bei Gleitreibung									
1	Vierlagerprüfstand nach Tannert/Shell		4 Gleitlager	gut	Fläche	Lagerschalen aus verschiedenem Material					
2	Falex-Prüfer		Welle und 2 Prismen	schlecht	Linie	Prüfbacken: ECN 35 Prüfwelle VCN 15 h	einsatz-gehärtet ?	? ?	20 HRc 84 bis 86 HRb	~1µm unter 1µm	C 15 C 110
3	Gleitindikator nach E. Tannert		2 Gleitklötze 1 Gleitzunge	gut	Fläche	Verschiedene Materialpaarungen sind möglich					
4	Shell-Vierkugelapparat nach Boerlage		4 Lagerkugeln	extrem schlecht	Punkt	105 Cr 2	gehärtet	martensitisch GRR 4.06.0	64 1,5 HRc	≈0,1µm	
5	Vierkugel-Automat nach Kirschke, Kretschmer und Umstätter		4 Lagerkugeln	extrem schlecht	Punkt	(105 Cr 2 ?)	gehärtet	(martensitisch ?) (GGR 4.06.0 ?)	?	?	
6	Almen-Wieland-Maschine		Welle und 2 Lagerschalen	gut	Fläche	Maschinenbaustahl ?		Ferrit + Perlit Ferrit + Perlit	Welle: 85 kg/mm^2 Lagerschalen: 75 kg/mm^2	? ?	C 110 HB 200 C 45 HB 126/140
7	Timken-Schmiermittel- und Verschleiß-Prüfmaschine		Walze und Platte	schlecht	Linie	Ring: Einsatz-stahl Block: durchhärteter Stahl	einsatz-gehärtet gehärtet	martensitisch GRR 4.03.0 ?	60 - 62 HRc 60 - 62 HRc	? ?	auch Einsatz-stahl
8	Lubrimeter nach A. Bartel		1 Hohlbolzen 2 Stahlrollen	schlecht	Linie	Stahlrollen 105 Cr 2 Stahlbolzen C 15	gehärtet gehärtet	martensitisch GRR 4.06.0 ?	63 HRc 63 - 64 HRc	≈0,2µm 0,1 bis 0,2	

A1a: Laborverfahren zur Schmierstoffprüfung bei Gleitreibung nach /2/.

Nr.	Bezeichnung des Gerätes bzw. der Maschine	Prüfkörper								
		Form und Anordnung	Art	Schmierung	Berührung	Werkstoff-Kennzeichnung	Werkstoff-zustand	Gefüge bzw. GRR	Härte bzw. Festigkeit	Oberflächen-Zustand (Rauhtiefe)	Bemerkungen
		B. Prüfverfahren bei Gleit- und/oder Rollreibung								
9	Zahnradver-spannungsprüfstand für FZG-Öltestе nach Niemann		2 Zahnräder	schlecht	Linie	20 Mn Cr 5	einsatz-gehärtet	martensitisch GRR 4.04.0	≈63 HRc	?	
10	SAE-Maschine		2 Walzen	schlecht	Linie	Einsatzstahl	einsatz-gehärtet	martensitisch GRR 4.03.9	≈60 HRc	?	
11	SKF-Schweitzer-Maschine		2 Pendelrollenlager	schlecht	Linie	Ringe und Rollkörper: 100 Cr 6 Käfig: Ms 58	gehärtet warm-gepreßt	martensitisch GRR 4.06.0 $\alpha+\beta$-Misch-kristalle+Pb	≈60 HRc 38 - 48 kg/mm^2	? ?	
12	Kugelfischer Fettprüfmaschine nach G. Spengler		2 Kegelrollenlager	schlecht	Linie	Ringe: 100 Cr 6 Rollkörper: 105 Cr 4	gehärtet gehärtet	martensitisch GRR 4.06.0 martensitisch GRR 4.06.0	(62± 3 HRc ?) (62± 3 HRc ?)	? ?	
13	ASTM-Prüfmaschine für Radlager-Wälzlagerfette		2 Kegelrollenlager	schlecht	Linie	Ringe und Rollkörper aus Wälzlagerstahl	gehärtet	martensitisch GRR 4.06.0	(62± 3 HRc ?)	?	
14	B.E.C.-Fettprüfmaschine		1 Rillen-kugellager	extrem schlecht	Punkt	Ringe und Rollkörper aus Wälzlagerstahl	gehärtet	martensitisch GRR 4.06.0		?	
15	Shell-Roller		Stahlzylinder Stahlwalze	schlecht	Linie	Stahlzylinder Stahlwalze	? ?	- -	? ?	- -	
16	RIV-Dreikugel-Apparat		3 Kugeln	extrem schlecht	Punkt	Stahlkugeln 100 Cr 6	gehärtet	martensitisch GRR 4.06.0	(63± 3 HRc ?)	?	

A1b: Laborverfahren zur Schmierstoffprüfung bei Gleit- und/oder Rollreibung nach /2/.

Analysedaten / Grundöle	Naphtenische Mineralöle				Paraffinische Mineralöle	
	Coray 10	Coray 60	Olea Ph 229/40	ISO 46	Cylesso 1200	Somentor 43
Viskosität bei 20°C in mm²/s	19,7	-	925	-	-	7,3
Viskosität bei 40°C in mm²/s	9,4	60,3	250	44,5	1400	4,2
Viskosität bei 100°C in mm²/s	-	6,8	18,6	6,8	65	-
Viskositätsindex VI	47	40	90	100	100	-
Dichte bei 15°C in g/ml	0,888	0,912	0,914	0,874	0,910	0,848
Flammpunkt in °C	+147	+194	+287	+210	+335	+125
Pourpoint in °C	-54	-21	-30	-12	-3	-15
Anilinpunkt in °C	+72,3	+84,7	+119	+94		+77
Strukturanalyse nach IR in %						
C_A	16,0	15,0	3,0	9,0	8,0	10,0
C_P	45,0	45,0	67,0	63,0	71,0	59,0
C_N	39,0	40,0	30,0	28,0	21,0	31,0

A2: Analysedaten der Grundöle.

Fettstoffe	
Spezifikationen	*Analysedaten*
Glycerol-trioleat (Estol 1435)	Säurezahl 2,0 mg KOH/g Jodzahl 85-93 g Jod/100g
Trimethylolpropanester	Säurezahl 10 mg KOH/g Verseifungszahl 200 mg KOH/g Viskosität bei 40°C ca. 95 mm²/s (nach ASTM-D 445) Dichte bei 20°C ca. 0,94 g/ml (nach ASTM-D 941) Flammpunkt (COC) > 180°C (nach ASTM-D 92)
Rüböl	Säurezahl 313 mg KOH/g Verseifungszahl 189 mg KOH/g Jodzahl 101 g Jod/100g
Gemisch aus Rüböl und geschwefelten Fettsäureestern	keine weiteren Angaben

A3: Analysedaten der Fettstoffe.

Chloradditive

	Hordalub 500 HT (Hochtemperaturstabiles Hochdruckadditiv auf Chlorparaffinbasis)	Hordaflex LC 60 (Hochdruckadditiv auf Chlorparaffinbasis)
Spezifikation / *Analysedaten*		
Chlorgehalt (nach DIN 53 474)	ca. 55 Gew. %	ca. 62 Gew. %
Dichte bei 20°C (nach DIN 51 757)	ca. 1,33 g/cm³	ca. 1,42 g/cm³
Dichte bei 60°C (nach DIN 51 757)	ca. 1,30 g/cm³	ca. 1,38 g/cm³
Stabilität	0,05	0,1
Viskosität bei 40°C (nach DIN 51 550)	ca. 1200 mm²/s	ca. 1200 mm²/s

A4: Analysedaten der Chloradditive.

Schwefeladditive

	Additiv RC 2526 (Geschwefelte, pflanzl. Fettsäureester und Kohlenwasserstoffe) mineralölfrei hochschwefelhaltiger, aktiver Schwefelträger	Geschwefelter Fettsäureester	Dialkylpentasulfid
Spezifikation / *Analysedaten*			
Schwefelgehalt (nach ASTM-D 1551)	ca. 26 Gew. %	ca. 11 Gew. %	ca. 32 Gew. %
Aktiv-Schwefelgehalt (nach ASTM-D 1662)	ca. 15 Gew. %	ca. 4 Gew. %	ca. 15 Gew. %
Cu-Aktivität (nach ASTM-D 130) 4 Gew. % in Paraffinöl, 3h/100°C	max. 4 b	keine Angabe	keine Angabe
Viskosität bei 40°C (nach ASTM-D 445)	ca. 1000 mm²/s	ca. 30 mm²/s	ca. 5 mm²/s
Dichte bei 20°C (nach ASTM-D 941)	ca. 1,04 g/ml	ca. 0,095 g/ml	ca. 1,01 g/ml
Flammpunkt (COC) (nach ASTM-D 92)	> 180°C	> 150°C	> 100°C

A5: Analysedaten der Schwefeladditive.

<table>
<tr><td colspan="3" align="center">Phosphor - Schwefeladditive</td></tr>
<tr><td>Spezifikation

Analysedaten</td><td>Aschefreies Additiv auf
Phosphor-Schwefel Basis</td><td>Phosphor-Schwefelester</td></tr>
<tr><td>Schwefelgehalt
(nach ASTM-D 1551)</td><td>ca. 7,2 Gew. %</td><td>ca. 1,53 Gew. %</td></tr>
<tr><td>Aktiv-Schwefelgehalt
(nach ASTM-D 1662)</td><td>keine Angabe</td><td>ca. 0,45 Gew. %</td></tr>
<tr><td>Phosphorgehalt
(nach DIN 51 363)</td><td>ca. 2,7 Gew. %</td><td>ca. 0,28 Gew. %</td></tr>
<tr><td>Viskosität bei 40°C
(nach ASTM-D 445)</td><td>ca. 10 000 mm^2/s</td><td>ca. 850 mm^2/s</td></tr>
<tr><td>Dichte bei 20°C
(nach ASTM-D 941)</td><td>ca. 0,94 g/ml</td><td>ca. 0,95 g/ml</td></tr>
<tr><td>Flammpunkt (COC)
(nach ASTM-D 92)</td><td>> 140°C</td><td>> 150°C</td></tr>
</table>

A6: Analysedaten der Phosphor-Schwefeladditive.

<table>
<tr><th colspan="3" style="text-align:center">Phosphoradditive</th></tr>
<tr>
<td>Spezifikation

Analysedaten</td>
<td>Additiv   RC 3180
(2-Ethyl-hexyl-zinkdithio-
phosphat)
stabilisiert,
mineralölfrei</td>
<td>Dialkyl-dithiophosphat,
aschefrei,
aminneutralisiert</td>
</tr>
<tr>
<td>Phosphorgehalt
(nach DIN 51 363)</td>
<td align="center">ca. 8 Gew. %</td>
<td align="center">ca. 5,4 Gew. %</td>
</tr>
<tr>
<td>Schwefelgehalt
(nach ASTM-D 1551)</td>
<td align="center">ca. 16 Gew. %</td>
<td align="center">ca. 11 Gew. %</td>
</tr>
<tr>
<td>Zinkgehalt
(nach DIN 51 391)</td>
<td align="center">ca. 9,5 Gew. %</td>
<td align="center">—</td>
</tr>
<tr>
<td>Cu-Aktivität
(nach ASTM-D 130)
1 Gew. % in Paraffinöl,
3h/160°C</td>
<td align="center">1 a</td>
<td align="center">keine Angabe</td>
</tr>
<tr>
<td>Viskosität bei 40°C
(nach ASTM-D 445)</td>
<td align="center">ca. 300 mm^2/s</td>
<td align="center">ca. 90 mm^2/s</td>
</tr>
<tr>
<td>Dichte bei 20°C
(nach ASTM-D 941)</td>
<td align="center">ca. 1,09 g/ml</td>
<td align="center">ca. 0,94 g/ml</td>
</tr>
<tr>
<td>Flammpunkt (COC)
(nach ASTM-D 92)</td>
<td align="center">keine Angabe</td>
<td align="center">ca. 130°C</td>
</tr>
</table>

A7: Analysedaten der Phosphoradditive.

Haftverbesserer		
Spezifikation / *Analysedaten*	Polybuten 200	Polyisobutylen auf Syntheseölbasis
Viskosität bei 40°C (nach DIN 53 012)	ca. 195 mm²/s	keine Angabe
Viskosität bei 70°C (nach DIN 53 012)	keine Angabe	ca. 30 000 mm²/s
Viskosität bei 100°C (nach DIN 53 012)	ca. 20 mm²/s	ca. 14 000 mm²/s
Viskositätsindex VI (nach ASTM-D 2270-64)	264	keine Angabe
Dichte bei 15°C (nach ASTM-D 445)	ca. 0.913 g/ml	ca. 0.882 g/ml
Flammpunkt (COC) (nach ASTM-D 92)	ca. 175°C	ca. 185°C
Ölgehalt	keine Angabe	ca. 92 Gew. %
Eisen- und Schwefelgehalt	< 1 ppm	keine Angabe
Wassergehalt	40 ppm	keine Angabe

A8: Analysedaten der Haftverbesserer.

Schrifttum

/1/ Lange, K.: **Umformtechnik. Handbuch für Industrie und Wissenschaft Bd.1: Grundlagen, 2. Auflage.** Berlin/Heidelberg/New York/Tokyo: Springer 1984.

/2/ Diergarten, H.: **Mechanisch-dynamische Schmierstoffprüfungen, Probleme und Ergebnisse.** VDI-Berichte 20 (1957), S. 157 - 178.

/3/ Beuerlein, P.: **Die wichtigsten chemisch-physikalischen und mechanischen Schmierstoff-Untersuchungsmethoden und ihre Bedeutung für die Schmierung.** VDI-Berichte 20 (1957), S. 151 - 156.

/4/ VKIS-Arbeitsblatt Nr. 6: **Bestimmung des Druckaufnahmevermögens in der Reibverschleißwaage nach Reichert.** 1973.

/5/ DIN 51350, Teil 1 - 3: **Prüfung von Schmierstoffen: Prüfung im Shell-Vierkugel-Apparat (VKA).** Berlin/Köln: Beuth-Verlag 1977.

/6/ DIN 51354, Teil 1 u. 2: **Prüfung von Schmierstoffen: Mechanische Prüfung von Schmierstoffen in der FZG-Zahnrad-Verspannungs-Prüfmaschine.** Berlin/Köln: Beuth-Verlag 1977.

/7/ DIN 51413, Teil 2: **Prüfung flüssiger Mineralöl-Kohlenwasserstoffe.** Berlin/Köln: Beuth-Verlag 1980.

/8/ N.N.: **Prüfung von Schmierstoffen in der Eisen- und Stahlindustrie. Vorschläge zur Auswahl von Prüfverfahren.** Herausgegeben vom Chemikerausschuß und dem Ausschuß für Anlagentechnik im VDEh, Heft 11, 1983.

/9/ Schey, J. A.: **Tribology in metalworking. Friction, lubrication and wear.** American Society for Metals. Ohio 1983.

/10/ Mang, T.: **Die Schmierung in der Metallbearbeitung.** Würzburg: Vogel-Verlag 1983.

/11/ Bay, N.; Hansen, G.: **Simulation of friction and lubrication in cold forging.** In: Paper of the 7th Int. Cold Forging Group. April 1985.

/12/ Becker, H.: **Vereinfachtes Modell zur Schmierstoffauswahl.** Bänder, Bleche, Rohre 19 (1978) 9, S. 362 - 366.

/13/ Geiger, R.; Stefanakis, J.: **Ringstauchen und Napf-Rückwärts-Fließ-pressen als Verfahren zur Prüfung von Schmierstoffen für das Massivumformen.** Ind.-Anz. 96 (1974) 100, S. 2245 - 2246.

/14/ Goto, Y.; Wakasugi, S.; Kozai, T.: **A test for investigating the lubrication properties of solid lubricants in cold metal forming.** J. Mech. Work. Technol. 6 (1982) 1, S. 51 - 62.

/15/ Gräbener, T.: **Schmierstoffprüfung in der Kaltmassivumformung durch Streifenziehen und Ringstauchen.** Metall 36 (1982) 4, S. 375 - 379.

/16/ Hansen, B.G.; Bay, N.: **Two new methods for testing lubricants for cold forging.** Journal of Mechanical Working Technology 13 (1986) 2, S. 189 - 204.

/17/ Kaiser, H.: **Möglichkeiten zur Prüfung von Schmierstoffen zum Kalt- und Warmfließpressen von Stahl.** Ind.-Anz. 93 (1971) 93, S. 2311 - 2313.

/18/ Kudo, H.; Tsubouchi, M.; Fukuhara, Y.: **Determination of Friction and Wear Characteristics of some Lubricants and Tool Materials for Cold Forging with the Simulation Testing Machine.** In: Anuals of the CIRP Vol 28/1, 1979, S. 159 - 163.

/19/ Kajdas, C.; Nila, J.; Krawczyk, R.: **Neues Gerät zur Prüfung von Schmierölen.** Schmierungstechnik 11 (1980) 7, S. 212 - 214.

/20/ Oberländer, K.: **Prüfung von Schmierstoffen für die Blechumformung.** VDI-Berichte 614 (1986) 11, S. 201 - 226.

/21/ Takahaschi, H.; Alexander, J. M.: **Friction in the plane Strain Compression Test.** Journal Inst. of Metals 60 (1961/62), S. 72 - 79.

/22/ Bailey, J. A.; Singer, A. R. E.: **The Determination of the Coefficient of Friction at Elevated Temperatures Using a Plane Strain Compression Test.** Journal Inst. of Metal 92 (1964), S. 378 - 380.

/23/ Peterson, M. B.: **Friction and Lubrication in Hot Metal Deformation.** New York: Mech. Techn. Inc. Lafham, 1966.

/24/ Newham, J. A.; Schey, J. A.: **Investigation of the Interface Friction between Tool and Workpiece Materials under Conditions of Plastic Deformation.** IIT Research Inst., Chicago, 1967, Rep. AD 657 617.

/25/ Nittel, J.: **Neues Verfahren zur Schmierstoffprüfung in der Umformtechnik durch Reibwertmessung.** Fertigungstechnik u. Betrieb, 18 (1968) 5, S. 301 - 305.

/26/ Shaw, J. L.: **Development of Die Lubricants for Forging and Extruding.** Columbus, Ohio, 1955. Sekundärlit. aus /32/.

/27/ Sevcenko, K. N.: **Spannungszustand und Werkstofffluß beim axialen Stauchen eines radialen Zylinders.** Kuzn. stam. Proizvod. (1968) 6, S. 1 - 5.

/28/ Sarapin, E. F.; Maksimov, N. V.: **Stauchen keilförmiger Proben zur Bestimmung des Reibwertes.** Cern. Metall (1963) 3, S. 105 - 112.

/29/ Shutt, A.: **On the Measurement of Friction under Yield Conditions.** Int. J. Mech. Sci. (1966) 8, S. 509 - 511.

/30/ Male, A. T.; Cockcroft, M. G.: **A method for the determination of the coefficient of friction under conditions of bulk plastic deformation.** J. Inst. Metals 93 (1964/65), S. 38 - 46.

/31/ Burgdorf, M.: **Über die Ermittlung des Reibwertes für Verfahren der Massivumformung durch den Ringstauchversuch.** Ind.-Anz. 89 (1967) 39, S. 799 - 804.

/32/ Bühler, H.; Löwen, J.: **Verfahren zum Messen des Reibungswiderstandes für die instationären Umformverfahren.** Stahl u. Eisen 92 (1972) 14, S. 698 - 704.

/33/ Reihle, M.: **Verhalten des Gleitreibungskoeffizienten von Tiefzieh-blechen bei hohen Flächenpressungen.** Dr.-Ing. Diss., Technische Hochschule Stuttgart 1959.

/34/ Kawai, N.; Nakamura, T.; Iwata, M.: **The Frictional Mechanism on the Surface of Metal Being Plastically Deformed by Drawing.** Trans. ASME, J. Eng. for Ind. (1977), S. 242 - 249.

/35/ Doege, E.; Witthüser, K.-P.; Joost, H.-G.: **Prüfverfahren zur Beur-teilung der Reibungsverhältnisse beim Tiefziehen.** In: "10. Umform-technisches Kolloquium Hannover". Hannover 1980.

/36/ Duncan, J. L.; Shabel, B. S.: **A Tensile Strip Test for Evaluating Friction in Sheet Metal Forming.** Aluminium 54 (1978) 9, S. 585 - 588.

/37/ Wiegand, H.; Kloos, K. H.: **Der Reibungs- und Schmierungsvorgang in der Kaltformgebung und Möglichkeiten seiner Messung.** Werkstatt u. Betrieb 93 (1960) 4, S. 181 - 187.

/38/ Pawelski, O.: **Ein neues Gerät zum Messen des Reibungsbeiwertes bei plastischen Formänderungen.** Stahl u. Eisen 84 (1964) 20, S. 1233 - 1243.

/39/ Schlosser, D.: **Beeinflussung der Reibung beim Streifenziehen von austenitischem Blech: verschiedene Schmierstoffe und Werkzeuge aus gesinterten Hartstoffen.** Bänder Bleche Rohre 22 (1975) 7/8, S. 302 - 306.

/40/ Hasek, V.: **Beurteilung der Schmierstoffe beim Ziehen von großen unregelmäßigen Blechteilen.** Blech Rohre Profile 32 (1985) 9, S. 497 - 502.

/41/ Mohr, U.; Pawelski, O.; Rasp, W.: **Beurteilung von Schmierstoffen für das Stab- und Drahtziehen.** Stahl u. Eisen 107 (1987) 10, S. 465 - 470.

/42/ Lange, K.; Gräbener, T.: **Untersuchung der Möglichkeiten für eine technologische Schmierstoffprüfung für Verfahren der Kaltmassivumformung.** In Dokumentation: Tribologie, Reibung, Verschleiß, Schmierung, Bd. 1. Berlin/Heidelberg/New York: Springer 1981.

/43/ Gräbener, T.: **Entwicklung und Anwendung neuer Schmierstoffprüfverfahren für die Kaltmassivumformung.** Berichte aus dem Institut für Umformtechnik Nr. 71, Universität Stuttgart. Berlin/Heidelberg/New York/Tokyo: 1983.

/44/ Benzing, R.; u.a.: **Friction and Wear Devices.** American Society of Lubrication Engineers (ASLE). Park Ridge, Illinois, 1976.

/45/ Gesellschaft für Tribologie (GfT), Arbeitsblatt 3.1: **Schmierung beim Umformen.** Berlin/Köln: Beuth-Verlag 1983.

/46/ Diekhof, W.: **Kühlschmierstoffe für die Metallbearbeitung.** wt - Z. ind. Fertig. 78 (1988), S. 515 - 518.

/47/ Hubmann, H.: **Wechselbeziehungen zwischen Grundflüssigkeit und Additiven.** In: "Additive für Schmierstoffe und Arbeitsflüssigkeiten". Technische Akademie Esslingen. Esslingen 1986.

/48/ Bartz, W. J.: **Additive für Schmierstoffe.** Tribotechnik Bd. 2, Hannover: Curt R. Vincentz Verlag 1984.

/49/ Mang, T.: **Nichtwassermischbare Schmierstoffe für die Umformtechnik.** In: "Tribologie und Schmierung in der Umformtechnik". Technische Akademie Esslingen. Esslingen 1987.

/50/ Bartz, W. J.: **Zur Bedeutung synthetischer Schmierstoffe - Übersicht und Ausblick.** Tribologie + Schmierungstechnik 34 (1987) 5, S. 262 - 269.

/51/ Kajdas, C.: **Wirkungsmechanismen von synthetischen Schmierölen.** Tribologie + Schmierungstechnik 34 (1987) 2, S. 68 - 72.

/52/ Plagge, A.: **Gebrauchseigenschaften synthetischer Schmierstoffe und Arbeitsflüssigkeiten.** Tribologie + Schmierungstechnik 34 (1987) 3, S. 148 - 156.

/53/ Rumpf, T.; Schindlbauer, H.: **Einige Anmerkungen zur Wirkungsweise von Additiven in esterhaltigen Schmierölen.** Tribologie + Schmierungstechnik 34 (1987) 2, S. 108 - 112.

/54/ Benda, R.; Schüle, W.: **Additive für Kühlschmierstoffe.** In: "Additive für Schmierstoffe und Arbeitsflüssigkeiten". Technische Akademie Esslingen. Esslingen 1986.

/55/ Meyer, K.: **Schichtbildungsprozesse und Wirkungsmechanismus schichtbildender Additive für Schmierstoffe.** Tribologie + Schmierungstechnik 32 (1985) 5, S. 254 - 262.

/56/ Hamann, W.: **Die Wechselwirkungen von Schmierstoffen mit Metallen.** Schmiertechnik u. Tribologie, 28 (1981), S. 47 - 49.

/57/ Studt, P.: **Synergismus von Schwefelverbindungen und Phenolen als Antioxidanten in Mineralölen.** In: "Additive für Schmierstoffe und Arbeitsflüssigkeiten". Technische Akademie Esslingen. Esslingen 1986.

/58/ Hubmann, A.: **Getriebeschmierstoffe: Aufbau, Eigenschaften, Prüfung und Normung.** Schmiertechnik u. Tribologie 29 (1982) 5, S. 186 - 195.

/59/ Raddatz, J.; Bartz, W. J.: **Detergent-/Dispersantadditive - Herstellung, Wirkungsweise und Anwendung.** In: "Additive für Schmierstoffe und Arbeitsflüssigkeiten". Technische Akademie Esslingen. Esslingen 1986.

/60/ Diehl, K. H.; Siegert, W.: **Kühlschmierstoff - Konservierungsmittel.** Tribologie + Schmierungstechnik 31 (1984) 4, S. 220 - 225.

/61/ Studt, P.: **Adsorption von Schmierölzusätzen.** Tribologie + Schmierungstechnik 34 (1987) 1, S. 2 - 9.

/62/ Linstaedt, B.: **Aschegebende Extreme-Pressure- und Verschleißschutz-additive.** In: "Additive für Schmierstoffe, Tribotechnik, Bd. 2". Hannover: Curt R. Vincentz Verlag 1984.

/63/ Kajdas, C.; Meyer, K.: **Neuere Erkenntnisse zum grenzflächenchemischen und tribologischen Verhalten von Metalldithiophosphaten.** In: "Industrieschmierstoffe: Eigenschaften, Anwendungen, Entsorgung". Technische Akademie Esslingen. Esslingen 1988.

/64/ Studt, P.: **Einige Untersuchungen zur mechano-chemischen Reaktion organischer Chlorverbindungen sowie von Phosphorsäure-tri-o-kresyl-ester mit Eisenoberflächen.** Erdöl und Kohle 21 (1968), S. 340 - 344.

/65/ Kristen, U.: **Aschefreie Extreme-Pressure und Verschleiß-Schutz-Additive.** In: "Additive für Schmierstoffe, Tribotechnik, Bd. 2". Hannover: Curt R. Vincentz Verlag 1984.

/66/ Yamamoto, Y.; Hirano, F.: **Effect of different Phosphate Esters on Frictional Characteristics.** Tribology International 13 (1980) 5, S. 165 - 169.

/67/ Meyer, K.; Berndt, H.; Krüger, J.: **Zur Reaktivität schwefelhaltiger Modelladditive und ihr Zusammenhang zum RSV-Verhalten.** Schmierungstechnik, 11 (1980), S. 326 - 329.

/68/ Spikes, H. A.: **Additive-Additive and Additive-Surface Interactions in Lubrication.** In: "Industrieschmierstoffe: Eigenschaften, Anwendungen, Entsorgung". Technische Akademie Esslingen. Esslingen 1988.

/69/ Zimmermann, D.: **Optimierung moderner chlorfreier nicht wassermischbarer Kühlschmierstoffe.** Mineralöltechnik 32 (1987) 10, S. 246 - 249.

/70/ Schulze, D.: **Anwendung von Kühlschmierstoffen und ihr Einfluß beim Zerspanen.** Maschinenmarkt 83 (1977) 69, S. 1307 - 1311.

/71/ Rothewell, B. J.; Müller, H.; Zimmermann, D.: **Verringerung der Entsorgungskosten durch chlorfreie Schmier-und Metallbearbeitungs-öle.** wt - Z. ind. Fertig. 77 (1987) 5, S. 253 - 256.

/72/ N. N.: **Die chemische Oberflächenbehandlung für die spanlose Kaltumformung.** Draht und Kabel Panorama, 3 (1986) 10/11, S. 80 - 85.

/73/ Möller, U. J.: **Schmierstoffe im Betrieb.** Düsseldorf: VDI-Verlag 1987.

/74/ Siebel, E.: **Die Formgebung im bildsamen Zustande.** Düsseldorf: Verlag Stahleisen 1932.

/75/ Siebel, E.; Kobitzsch, R.: **Die Erwärmung des Ziehgutes beim Drahtziehen.** Stahl u. Eisen 63 (1943), S. 110 - 113.

/76/ Brühl, R.: **Zusammenstellung und Vergleich von Ergebnissen verschiedener Temperaturmessungen beim Ziehen von Stahldraht.** Drahtwelt 51 (1965) 5, S. 237 - 245.

/77/ Rittmann, K.: **Temperaturerhöhungen der Ziehhohloberfläche beim Kaltziehen von Stabstahl mit großen Ziehgeschwindigkeiten.** Arch. Eisenhüttenwesen 42 (1971) 4, S. 265 - 271.

/78/ Kopp, R.: **Untersuchungen über das Temperaturfeld beim Ziehen von Rundstäben.** Dr.-Ing. Diss.. Clausthal 1968.

/79/ Altan, T.: **Heat generation and temperatures in wire and rod drawing.** Wire J. (1970), S. 54 - 59.

/80/ Nagy, A. T.: **Thermal stresses in wire-drawing dies.** J. Mech. Work. Technol. 8 (1983), S. 293 - 307.

/81/ Behr, K. A.; Danz, B.: **Temperaturen in der Wirkfuge beim Kalt- und Warmfließpressen.** Umformtechnik 9 (1975) 4, S. 3 - 13.

/82/ Blok, H.: **Theoretical study of temperature rise at surface of actual contact under oilness lubrication conditions.** Inst. Mech. Eng. 2 (1937), S. 225 - 235.

/83/ Blok, H.: **The flash temperature concept.** Wear 6 (1963), S. 483 - 494.

/84/ Bowden, F. P.; Tabor, D.: **Reibung und Schmierung fester Körper.** Berlin/Göttingen/Heidelberg: Springer 1959.

/85/ Lieneweg, F.: **Handbuch technische Temperaturmessung.** Braunschweig: Vieweg Verlag 1976.

/86/ Lindorf, H.: **Technische Temperaturmessungen.** Essen: Girardet 1970.

/87/ Czichos, H.; Kaffanke, K.: **Zur Bestimmung der Grenzflächentemperaturen bei tribologischen Vorgängen.** VDI-Z. 112 (1970) 22, S. 1491 - 1495, und VDI-Z. 112 (1970) 24, S. 1642 - 1646.

/88/ Friedrich, K. H.: **Beitrag zur Messung der Strangoberflächentemperatur beim Strangpressen.** Berichte aus dem Institut für Umformtechnik Nr. 33, Universität Stuttgart. Berlin/Heidelberg/New York: Springer 1975.

/89/ DIN 4762, Teil 1: **Oberflächenrauheit.** Berlin/Köln: Beuth-Verlag 1986.

/90/ DIN 4775: **Prüfen der Rauheit von Werkstückoberflächen.** Berlin/Köln: Beuth-Verlag 1982.

/91/ DIN 4768, Teil 1: **Herstellverfahren der Rauheit von Oberflächen.** Berlin/Köln: Beuth-Verlag 1984.

/92/ DIN 4765: **Bestimmen des Flächentraganteiles von Oberflächen.** Berlin/Köln: Beuth-Verlag 1974.

/93/ Becker, H.: **Messen der Rauheit technischer Oberflächen.** VDI-Z. 126 (1984) 14, S. 537 - 538.

/94/ Puttkamer, H.: **Rauheitsmessung mit elektrischen Tastschnittgeräten.** tm 50 (1983) 5, S. 201 - 211 und 50 (1983) 6, S. 219 - 224.

/95/ Balbach, R.; Ladwig, J.: **Der Flächentraganteil t_a als Beurteilungskriterium des tribologischen Verhaltens von Feinblechen beim Tiefziehen.** Ind.-Anz. 109 (1987) 91, S. 73 - 74.

/96/   Fritz, A.; Hübner, G; Rau, N.: **Qualitative und quantitative Beurtei-
       lung von Oberflächentexturen, insbesondere nach dem Streulichtver-
       fahren.** Werkstatt u. Betrieb 120 (1987) 11, S. 927 - 931.

/97/   Reiner, L.; Pfefferkorn, G.: **Raster-Elektronenmikroskopie.** Berlin/
       Heidelberg/New York: Springer 1977.

/98/   Barcroft, T. T.: **Die Hitzdrahtmethode zum Studium von Reaktionen
       zwischen EP-Zusätzen und Metalloberflächen.** Erdöl u. Kohle 17 (1964)
       S. 1003 - 1007.

/99/   Dabrowski, J. R.: **Untersuchungen zur Reaktionsschichtbildung von
       Modellschmierstoffen.** Schmierungstechnik 19 (1988) 2, S. 43 - 46.

/100/ Hantsche, H.: **Energiedispersive Röntgenmikroanalyse - Anwendungsge-
       biete, Grenzen und Fehlermöglichkeiten.** GIT 25 (1981), S. 682 - 698.

/101/ Baumgartl, S.; Büchner, A. R.; Dreyer, K.; Schwaab, P.; Stender, H.;
       Vetters, H.: **Praktische Erfahrungen bei der Analyse kleiner Kohlen-
       stoffgehalte im Stahl mit der Elektronenstrahl-Mikrosonde.** Arch.
       Eisenhüttenwesen 50 (1979), S. 85 - 88.

/102/ Hantsche, H.: **Grundlagen der Oberflächenanalysenverfahren AES/SAM,
       ESCA(XPS), SIMS und ISS im Vergleich zur Röntgenmikroanalyse und
       deren Anwendung in der Materialprüfung.** Microscopia Acta Vol. 32
       (1983) 2, S. 97 - 128.

/103/ Hantsche, H.; Habig, K. U.: **Oberflächenspezifische Analysenverfahren
       (AES/SAM, ESCA/XPS, SIMS) und ihr Einsatz zur Untersuchung von
       Verschleiß-Schutzschichten.** Z. Werkstofftechnik 13 (1982), S. 361 -
       369.

/104/ Holm, R.; Storp, S.: **Methoden zur Untersuchung von Oberflächen.** In:
       Ullmanns Encyklopädie der technischen Chemie, Bd. 5: Analysen und
       Meßverfahren. Weinheim/Deerfield Beach/Basel: Verlag Chemie 1981.

/105/ Hofmann, S.: **High Resolution Auger Electron Spectroscopy for Mate-
       rials Characterization.** Mikrochim. Acta [Wien]1, 1987, S. 321 - 345.

/106/ Holm, R.; Storp, S.: **Oberflächenuntersuchungen an Metallen und Legierungen mit ESCA.** Microchim. Acta [Wien]7, 1975, S. 139 - 152.

/107/ Rose, E.; Mayr, P.: **Analyse von PVD/CVD-Verschleißschutzschichten mit der Glimmentladungsspektroskopie (GDOS).** HTM 41 (1986) 3, S. 127 - 132.

/108/ de Rugy, H.: **Glimmentladungs-Spektroskopie - eine industrielle Technik zur Oberflächenanalyse.** In: Vortragsveröffentlichung "Oberflächentechnik in der Metallkunde". Deutsche Gesellschaft für Metallkunde e.V., 1983.

/109/ Khosrawi, M.: **Untersuchung über die Reaktionsschichtbildung bei hochbelasteten Schmierölen.** Technisch-wissenschaftlicher Bericht der Staatlichen Materialprüfungsanstalt. Universität Stuttgart, 1983.

/110/ Möller, J. J.: **Aspekte für die Metallverarbeitung.** Tribologie + Schmierungstechnik 32 (1985) 6, S. 360 - 366.

/111/ Wagner, K.; Kloss, H.; Langenstrassen, R.; Meyer, K.: **Untersuchungen zur Wirkung von Schmierstoffadditiven auf Schichtbildung, Reibung und Verschleiß.** Schmierungstechnik 11 (1980) 11, S. 330 - 336.

/112/ Berndt, H.; Hummel, S.; Essiger, B.: **Dünnschicht- und papierchromatographische Analysen zur Untersuchung grenzflächenchemischer Reaktionen von Additiven.** Schmierungstechnik 11 (1980) 5, S. 147 - 151.

/113/ Beltzer, M.; Jahanmir, S.: **Role of dispersion interactions between hydrocarbon chains in boundary lubrication.** ASLE Transactions 30 (1987) 1, S. 47 - 54.

/114/ Lange, K.: **Umformtechnik. Handbuch für Industrie und Wissenschaft. Bd. 2: Massivumformung, 2. Auflage.** Berlin/Heidelberg/New York/Tokyo: Springer 1988.

/115/ Kerspe, J. H.: **Abstreckgleitziehen von nichtrostenden austenitischen Stählen.** Berichte aus dem Institut für Umformtechnik Nr. 53, Universität Stuttgart. Berlin/Heidelberg/New York/Tokyo: Springer 1980.

/116/ El-Magd, E.: **Werkstoffverhalten von Reinaluminium beim Stauchen zwischen zwei parallelen, zur Stauchrichtung geneigten Stempelflächen.** Metall 32 (1978) 8, S. 781 - 786.

/117/ Kunogi, M.: **Über die plastische Umformung von Hohlzylindern durch axiale Druckkräfte.** Reports of the Institute of Physical and Chemical Research, Tokyo Nr. 30 (1954), S. 63 - 92.

/118/ Kudo, H.: **An analysis of plastic compressive deformation of lamella between rough plates by energy method.** In: Proceedings of the fifth Japan National Congress of Applied Mechanics, 1955.

/119/ Burgdorf, M.: **Untersuchungen über das Stauchen und Zapfenpressen.** Berichte aus dem Institut für Umformtechnik Nr. 5, Universität Stuttgart, 1966.

/120/ Metzler, H.-J.: **Untersuchung der Abhängigkeit des Reibwertes von der Werkzeuggeschwindigkeit.** Ind.-Anz. 92 (1970) 84, S. 1995 - 2000.

/121/ Hawkyard, J. B.; Johnson, W.: **An analysis of the changes in geometry of a short hollow cylinder during axial compression.** Int. J. Mech. Sci. (1967) 9, S. 163 - 182.

/122/ Geiger, R.: **Untersuchung von Schmierstoffen zum Warmumformen von Stahl.** Ind.-Anz. 92 (1970) 30, S. 623 - 629.

/123/ Geiger, R.: **Einfluß der Temperatur auf die Größe des Reibwertes verschiedener Schmierstoffe beim Umformen von Stahl.** Ind.-Anz. 92 (1970) 65, S. 1553 - 1554.

/124/ Bode, B.: **Entwicklung eines Quarzviskosimeters für Messungen bei hohen Drücken.** Tribologie + Schmierungstechnik 35 (1988) 5, S. 256 - 261.

/125/ Bode, B.: **Quarzviskosimeter - On line in Sekunden.** Chemische Industrie (1988) 11, S. 84 - 86.

/126/ Siegert, K.; Thoms, V.: **Einsatz von Schmierstoffen zur Beeinflussung der Reibung beim Umformen von Karosserieteilen.** In: Tagungsband "Blechbearbeitung '84", VDI, Essen, November 1984.

/127/ Eichinger, A.; Lueg, W.: **Erwärmung von Draht und Düse beim Kaltziehen.** Mitt. Kaiser-Wilhelm-Inst. f. Eisenforschung 23 (1941), S. 21 - 30.

/128/ Rittmann, K.: **Untersuchungen über den Einfluß großer Ziehgeschwindigkeiten beim Kaltziehen von Stabstahl.** Dr.-Ing. Diss., Hannover 1970.

/129/ Siebel, E.: **Der derzeitige Stand der Erkenntnisse über die mechanischen Vorgänge beim Drahtziehen.** Stahl u. Eisen 66/67 (1947), S. 171 - 180.

/130/ Farren, W. S.; Taylor, G. I.: **The Heat Developed during Plastic Extension of Metals.** Proc. Royal Soc. London A107 (1925), S. 422 - 451.

/131/ Richter, F.: **Physikalische Eigenschaften von Stählen und ihre Temperaturabhängigkeit.** Verlag Stahleisen m.b.H., Düsseldorf 1983.

/132/ Stephan, K.: **Thermodynamik. Grundlagen und technische Anwendungen.** Berlin/Heidelberg/New York: Springer, 1986.

/133/ Gerhardt, J.: **Numerische Simulation dreidimensionaler Umformvorgänge mit Einbezug des Temperaturverhaltens.** Berichte aus dem Institut für Umformtechnik Nr. 102, Universität Stuttgart. Berlin/Heidelberg/New York/Tokyo: 1989.

/134/ Benda, R.: **Additive für Metallbearbeitungsflüssigkeiten.** In: "Additive für Schmierstoffe". Technische Akademie Esslingen. Esslingen 1987.

/135/ Dehne, W.: **Untersuchung über den Einfluß der Oberflächenstruktur auf die Reibung.** Dr.-Ing. Diss., Technische Universität Clausthal 1973.

/136/ Pawelski, O.: **Einfluß der Schmierung und der Umformbedingungen auf die Reibung bei der Formgebung von Stahl.** Schmiertechnik 15 (1968) 3, S. 129 - 138.

/137/ Metzler, H. J.: **Über den Einfluß der Werkzeuggeschwindigkeit auf den Stauchvorgang.** Berichte aus dem Institut für Umformtechnik Nr. 21, Universität Stuttgart. Verlag W. Girardet, Essen: 1970.

/138/ Wiegand, H.; Kloos, K. H.: **Der Kaltstauchversuch als Modellverfahren zur Erfassung der Reibungs- und Oberflächenvorgänge.** Werkstattstechnik 56 (1966), S. 129 - 137.

/139/ Vogelpohl, G.; Krause, H. (Hrsg.): **Geschichte der Reibung - Eine vergleichende Betrachtung aus der Sicht der klassischen Mechanik.** VDI-Verlag. Düsseldorf: 1981.

/140/ Bartz, W. J.: **Über den Mißbrauch von Schmierstoff-Prüfgeräten.** Mineralöltechnik 15 (1970) 6, S. 1 - 24.

Berichte aus dem Institut für Umformtechnik der Universität Stuttgart

Herausgeber Professor Dr.-Ing. Kurt Lange

Die Bände sind im Erscheinungsjahr und in den folgenden drei Kalenderjahren zu beziehen durch den örtlichen Buchhandel oder durch Lange & Springer, Otto-Suhr-Allee 26-28, 1000 Berlin 10.